농협 임직원을 위한
3분 스피치 100선

농협 임직원을 위한 3분 스피치 100선

지 은 이 | 오덕화 · 전성군
편집기획 | 농민신문사 판매기획부
디 자 인 | 디자인휴 한지혜
교　　정 | 손수정
인　　쇄 | (주)서경지엠피

발행인 | 박재근
발행처 | 농민신문사
초판1쇄 발행 | 2009년 8월 5일
초판2쇄 발행 | 2010년 2월 22일
등록번호 | 제 1-1218호
주소 | 서울시 종로구 종로1가 36
전화 | 02)3703-6055
팩스 | 02)3703-6208

값 12,000원
ISBN 978-89-7947-088-8 03500

* 저자와의 협약에 의하여 인지첨부를 생략합니다.

농협 임직원을 위한

3분 스피치
100선

오덕화 · 전성군 지음

농민신문사

머리말

• • •

평소와 달리 여러 사람 앞에서 자신의 생각을 말로 풀어내려면 '서두를 어떻게 가져가야 할까?' '실수는 하지 않을까?' '말 잘하는 사람은 얼마나 좋을까?' 하는 등 온갖 걱정과 함께 긴장을 하게 마련입니다. 강의실에서 학생이나 교육생을 가르치는 교수요원들도 강의를 앞두고 매번 긴장을 하는 것을 보면 남 앞에서 말을 한다는 것이 결코 쉬운 일은 아닌 것 같습니다.

농협 임직원들은 업무의 특성상 수많은 지인과 고객, 조합원, 그리고 농협과 이해관계에 있는 다양한 사람들을 상대해야 합니다. 이때 반드시 갖춰야 할 덕목이 짧은 시간 안에 '말'로써 풀어내는 의사소통 능력입니다.

상대방과 이야기를 나눌 때 가장 중요한 것은 대화의 주제에 대한 정확한 지식과 이를 완벽하게 소화해 자신의 논리로 무장하는 것이 아닌가 합니다. 그래야만 자신감 있게 의견을 피력하고 상대방으로부터 신뢰를 받을 수 있기 때문입니다.

지금까지 국내에서도 스피치와 관련된 서적이 여러 권 발간되었으나 일반적인 이론 중심이어서 실용성이 떨어지고 농협이나 농업의 문제를 주제로 다룬 것이 없어 아쉬움이 컸습니다.

이 책은 농협 임직원들이 대중 연설이나 강연을 할 때 필요한 연설형 스피치와 여러 사람을 상대로 자신의 입장을 밝히고 소신을 피력하는 데 도움이 되는 대화형 스피치 모두에 적용할 수 있도록 엮었습니다. 또한 의사 전달과 설득의 과정은 3분 이내에 결정된다는 통례를 참고하여 3분 안에 끝낼 수 있는 분량으로 정리하였습니다.

책의 구성은 스피치의 일반 이론과 실제 활용도가 높은 100가지 주제에 대한 핵심적인 논리와 설명으로 나누어져 있습니다.

1장은 협동조합의 중요성과 필요성을 이해하고 설득하는 데 도움이 되는 주제를 중심으로 엮었습니다. 2장은 생명산업인 농업의 가치와 쌀 농업의 중요성을 부각하는 데 중점을 두었고, 3장에서는 개방화의 회오리 속에서 농정과 우리 농업·농촌이 나가야 할 방향을 제시하고자 했습니다. 4장은 농업의 희망을 찾기 위한 다양한 노력을, 5장은 어떤 상황에서도 대화의 소재가 될 수 있는 교양과 리더십과 관련된 주제를, 6장은 공식적인 자리에서의 인사말을 따로 모아 정리했습니다.

기획 단계에서의 의욕은 컸으나 짧은 지식과 무딘 필력으로 인해 주제의 내용을 제대로 풀어내지 못한 것 아닌가 하는 두려움을 무릅쓰고 책을 낼 수 있게 된 것은 주위의 성원과 격려 덕분이었습니다.

출판을 허락해주신 농민신문사 김재복 사장님과 박재근 전무이사님께 감사를 드립니다. 또한 출판 실무를 맡아준 권갑하 고객지원국장, 정길우 부장을 비롯해 집필에 필요한 귀중한 자료를 적극적으로 협조해준 편집국 데스크와 기자, 그리고 꼼꼼하게 교정을 보아준 출판국 손수정 기자에게도 감사를 드립니다.

2009. 8

오덕화·전성군

목 차

· · ·

목 차

· · ·

2장 : 농업은 생명산업

3장 : 거친 개방화 파고

4장 : 농업의 블루오션

목 차

· · ·

5장 : 교양 & 리더십

6장 : 인사말 모음

부록

농협 임직원을 위한
3분 스피치 100선

1

Speech 100

스피치의 기본

01 스피치의 이해

Speech 100

가. 스피치의 중요성

우리 농협인은 업무상 불가피하게 여러 사람 앞에 나서야 할 때가 많다. 사무실에 찾아오는 고객 외에도 영농회원들 모임, 주부대학 행사, 관계기관 모임, 사업 설명 등 사업적이든 사업적이 아니든 다양한 사람과 이야기해야 할 기회가 많다.

친구들에게나 집에서 이야기할 때는 못 느끼지만 사무실에서 여러 사람 앞에서 이야기할 때는 자신도 모르게 말이 잘 안 되고 표정도 자연스럽지 못함을 느꼈을 것이다. 잘 아는 사람 앞에서나 농담이나 가벼운 일상대화 때는 괜찮은 것 같은데 조금만 형식을 갖추고 업무적 주제를 가지고 이야기하면 잘 안 되는 이유는 무엇일까?

'오늘은 내가 설명을 잘하여 저 선생님들이 예금거래를 터준다면 우리 목적은 달성하는데, 내 말을 듣고 감명을 받아서 우리 사업에 적극적으로 동조하면 얼마나 좋을까?'

이렇게 머릿속이 복잡해짐을 느끼면서도 결국은 어떻게 끝냈는지도 모르게 말을 마치게 된다. 물론 말을 잘한다고 해서 모든 것이 순조롭게 풀리지만은 않는다. 그러나 훌륭한 말솜씨 덕분에 성공한 사례를 우리는 종종 경험하게 된다. 미국 링컨 대통령의 게티스버그 연설은 좋은 사례이다. 그 명연설이 청중의 심금을 울려 꼼짝 못하게 하였던 경우를 상상해보자. 우리 격언 중에도 '한마디 말로 천냥 빚을 갚는다' 라는 말이 있다. 말 한마디의 위력은 역사를 바꾸고 불가능한 일을 가능한 일로 만들기도 한다.

스피치는 자신의 생각을 효과적으로 전달해주는 매개 역할을 한다. 물론 자기 분야에서 실력을 갖추는 것이 무엇보다 중요하다. 하지만 이것만으로는 충분하지 않다. 실력 있는 사람이 활력적으로 스피치를 하여 효과적으로 자기 생각을 전달한다면 그는 자신의 실력 이상으로 평가받게 될 것이다. 말 한번 잘하여 우리 농협에 대한 이미지도 좋아지고 우리 사업도 신장될 수 있다면 그보다 더 좋은 무기는 없는 것 아닌가.

나. 스피치의 일반적 형식

스피치는 상대에 따라 토론·면접·대화와 같은 '상호 스피치' 와 연설·강의·보고·발표 등과 같은 '일방적 스피치' 그리고 회의나 토의 등과 같은 '집단 스피치' 로 구분할 수 있다. 형태에 따라서는 대화나 좌담 같은 '자유스러운 형식의 스피치' 와 회의나 토론 같은 '일정한 형식의 스피치' 가 있다. 3분 스피치의 경우는 일방적 스피치 중에서도 일정한 형식이 있는 스피치에 해당한다고 볼 수 있다.

02 스피치의 준비

Speech 100

가. 몸과 마음가짐

안정감 있는 기본자세를 갖춘다면 스피치의 절반은 성공한 것이다. 우리 주변에서 쉽게 접할 수 있는 예를 들어보겠다.

이사회에서 중요한 보고를 하도록 되어 있는데 김 과장은 고민이 생겼다. 보고서 작성 등으로 스트레스를 많이 받은 탓인지 평소 몸 상태가 안 좋으면 나타나는 치질 증상이 나타난 것이다. 이번 보고는 김 과장에게는 더없이 중요하다. 성실하다는 평판은 있지만 주변머리가 없어 윗분들과 안면이 거의 없는 김 과장에게 다음 달 승진심사에 도움을 주고자 부장님께서 특별히 배려를 하였는데, 아파서 보고를 못할 형편이 되었으니 무슨 낭패란 말인가. 이때 부장님은 아직 시간은 있으니까 방법을 찾아보라며 "기본이 되어 있으면 50점은 따고 들어간다"며 스피치에 임하는 몸과 마음자세의 중요함에 대해서 조언을 잊지 않았다. 부장님의 조언에 김 과장은 그동안 미뤄왔던 치질수술을 받고 몸을 추슬러 무난히 보고를 끝냈으며 칭찬까지 받았다. 부장님의 조언 한마디가 여유를 가질 수 있도록 만든 것이다. 몸이 안 좋아 찡그리면서 혼란스러운 상태에서 보고를 하였다면 어찌 하였겠는가? 아무리 훌륭한 보고서라도 설명할 수 있는 자세가 제대로 안 되어 일을 그르쳤다면 오히려 안 한 것만 못하였을 것이다. 반면 고통스러운 수술을 받고라도 보고에 임하겠다는 김 과장의 정신자세야말로 스피치를 더욱 빛나게 만드는 요소이다.

나. 말의 내용

자신이 하고자 하는 말의 주제와 화젯거리를 정리한다.

'말문은 무엇으로 열까?' '누구의 주장을 인용할까?' '어떤 사례를 들어볼까?' '그래, 끝은 이렇게 맺으면 좋겠다' 하고 스피치하기 전에 곰곰이 생각하고 간단히 메모를 하는 것이 좋다. 머릿속으로만 스피치를 준비할 때는 좋은 화젯거리가 떠오르고 능숙하게 말할 수 있겠다는 자신감도 가질 수 있지만, 막상 말을 시작하려면 아무것도 생각나지 않아 당황하는 경우가 있다. 처음에 생각한 대로 말이 풀리지 않고 내용도 두서없이 횡설수설하게 되어 실패하고 만다. 이러한 실수를 하지 않기 위해서는 스피치하기 전에 반드시 말하고 싶은 내용과 화젯거리를 메모하여 정리하는 것이 필요하다.

예) • 주제 : 서두르지 말라
  • 인용 속담 : 급하게 먹은 밥이 체한다.
    바늘에 실을 꿰지 않고 바느질을 할 수 없다.
    털도 안 뽑고 먹으려고 한다.

다. 스피치 예절

대화 시 예절

바른 예절과 공사구분이 우선이다. 예를 들어보자.

○○지점장인, '정중한' 씨에게 평소 잘 아는 사업가 후배가 찾아왔다. "지점장님, 안녕하세요? 영업 잘되지요?" 하며 방문한 후배를 보고 정 지점장도 일어서면서 "예, 저는 잘 있습니다. 이 형은 어때요. 가족도 편안하시고 사업 잘되시지요?" 하고 자리에 앉아 차도 한 잔 내고 정중하게 사업자금 이야기를 나누고 있었다. 이때 지점장의 동기생인 대부계 김 과장이 들어와 한 손은 호주머니에 넣은 채 "정 지점장, 이것 좀 봐" 하며 문서를 흔들면서 ○○○를 침이 튀기도록 흉보기 시작했다. 지점장의 동기생인 김 과장은 사업가 후배를 슬쩍 한번 쳐다보고 미안스러운지 나가 버렸다. 위 상황을 보면 예의 없는 김 과장 때문에 대출세일을 하려다가 기회를 놓친 것이다. 이 후배 사업가의 파트너가 방금 나간 김 과장이니, 지점장의 정중한 대화술이고 뭐고 다 망쳐 버린 것이다.

설명 시 예절

대화 때와는 달리 다수를 상대로 한 설명에서는 예의를 갖춘 당당한 설명자에게 후한 점수를 준다.

군 의회 의원들을 상대로 금고유치를 위한 설명회를 하는 경우를 생각해보자. 아침부터 옷매무새를 확인해보고 거울을 보고 머리도 다시 빗고, 인사며 말하는 연습이며 모든 준비를 점검해보고 차분한 마음을 가지려고 노력한다. 설명을 위해 회의실로 들어서면서 가볍게 목례를 한 뒤 설명을 시작한다. 먼저, 참석한 이들에 대해서는 가급적 일일이 이름을 거명하여 인사를 한다. "홍길동 군의회 의장님, 김계동 의원님…, 안녕하십니까? 영하의 날씨에도 불구하고 저희 농협을 방문하여주서서 감사드립니다." 날씨 덕담과 함께 정중히 인사를 하고 "지금까지 저희 농협을 아껴주시고 물심양면으로 지원해주심을 다시 한번 감사드립니다" 하고 인사를 마친다. 본 설명에 들어가서 자료의 내용을 완전 숙지하였더라도 자료를 보고 자료에 의하여 설명하려는 태도를 보이며, 설명 중에 특히 상대의 수준을 얕보는 말투를 삼가고 중요한 부문은 자세히 설명한다. 설명은 간결하게 하는 것이 좋다. 여러 번 중복하면 청중이 자신들의 능력을 무시한다고 생각할 우려가 있기 때문이다. 지역 금융기관으로서의 유리점과 함께 왜 우리 농협에서 군 금고를 맡아서 운영해야 하는가의 당위성을 정확하게 설명하고, 말투에 있어서는 존칭어를 사용한다. 설명을 끝낸 뒤에도 여러 의원과 일일이 눈을 마주치며 감사를 표시한다. 의원들의 질의가 있으면 자신이 대답하는 것보다는 지부장이 답변하도록 하는 것이 좋다.

의원님들 왈 "농협 직원들은 기본이 되어 있어. 질서가 있는 것 같지 않아?" 하며 흡족해서 가더라는 안내자의 전언이 성공을 예감하게 한다.

03 효과적인 스피치 구성법

Speech 100

스피치를 잘한다, 말솜씨가 좋다, 스피치가 이해하기 쉽다는 것은 말하고자 하는 내용이 듣는 사람에게 쉽게 전달된다는 것을 말한다. 스피치는 상대방의 입장에서 쉽게 이해되도록 구성해야 하며, 내용에 따라 순서를 어떻게 할 것인지도 중요하게 고려해야 한다.

스피치를 구성하는 방법에는 서론·본론·결론의 3단계법이나 기·승·전·결의 4단계법, 자유로운 발상과 생각을 통해서 자신의 생각을 효과적으로 끄집어내는 기법인 브레인스토밍 기법 등이 있다. 3단계법이나 4단계법은 우리가 많이 사용해왔던 방법으로 형식이 딱딱하여 재미가 없는 반면, 듣는 사람에게 신뢰감과 자신감을 주는 스피치법이다.

여기서 보다 자세히 설명하고자 하는 브레인스토밍 기법은 주제에 관한 생각들을 형식이나 고정관념의 틀에서 벗어나 자유롭게 풀어가는 형식을 말한다. 브레인스토밍 기법의 스피치는 대개 다음과 같은 4가지 단계로 구성된다.

1단계는 스키마 단계이다. 스키마(Schema)란 주제와 관련된 배경

지식으로 우리가 직·간접 경험을 통해 알고 있는 모든 내용을 말한다. 2단계는 브레인스토밍 단계로, 스키마 단계에서 이야기된 배경지식을 바탕으로 별다른 격식이나 형식에 구애됨 없이 주섬주섬 말해보는 단계이다. 3단계는 자기주장 단계로, 2단계에서 제시한 자신의 주장을 보다 논리적으로 전개하는 과정이다. 4단계는 개요정리 단계로, 3단계까지의 스피치 내용을 서론·본론·결론으로 나누어 개요를 작성한다.

브레인스토밍 기법의 예

- **주제 : 농산물 디지털 유통**
  - (1) 스키마 단계
    주변에서 흔히 겪게 되는 유통 문제와 인터넷의 결합에는 어떤 것들이 있는지 생각해본다.
  - (2) 브레인스토밍 단계
    농산물 디지털 유통상의 문제점들을 지적하고 그 원인을 분석해본다.
  - (3) 자기주장 단계
    자신이 지적한 문제점을 개선하거나 해결할 수 있는 방안을 적절한 근거와 함께 제시한다.
  - (4) 개요정리 단계
    3단계까지의 스피치 내용을 서론·본론·결론으로 나누어 개요를 정리한다.

브레인스토밍을 하는 데는 다음의 4가지 규칙이 있다.

- (1) 비판 금지
- (2) 질 보다 양
- (3) 창조적 사고 독려
- (4) 타인의 아이디어 응용·편승

04 스피치의 실제

Speech 100

가. 대화의 실제

상대방과 마주하여 주고받는 대화에서는 역지사지(易地思之)의 격언을 되새기면 성공한다.

대화란 '서로 마주 대하며 주고받는 말'로, 언어를 사용하여 다른 사람과 함께 '말로써 일을 하는' 방법이다. 우리 농협 직원은 업무적으로 많은 사람들과 여러 가지 문제를 놓고 대화를 하게 된다. 이때 언제 끼어들 것이며, 목소리는 얼마나 커야 하며, 마칠 때는 언제가 좋은지 등 대화 시 고려해야 할 일종의 형식 측면과 대화의 주제와 관련하여 내용에 벗어나지 않도록 조절하는 등 내용 측면을 생각하여 대화를 하는 것이 좋을 것이다. 반드시 이런 사항을 지켜야 대화가 잘되고 목적을 이루는 것은 아니지만, 기본적으로 숙지하여 대화한다면 세련된 농협 직원으로 대우받지 않을까 싶다.

업무적인 만남이기 때문에 상대방에 대한 공손함은 기본이라 하겠다. 처음 대화를 시작할 때는 먼저 밝게 인사하고, 상대방의 취미나 자랑하고 싶은 것이 무엇인지를 주목하고 가급적 상대방이 쉽게 대답할 수 있는 가벼운 화제를 떠올린다. 그러면서 자신도 같다는 등 맞장구를 치면서 끼어들기를 하되 짧게 한다. 예금권유나 대출상담 등 상대방이 자신의 이야기를 계속 들어야 할 입장인 경우에는 목소리가 커질 우려가 있으므로 조절에 신경을 써야 한다.

의사소통을 할 때에는 표정도 중요하기 때문에 웃는 얼굴을 보여야 할 때와 그렇지 않을 때가 있다. 눈은 상대방의 눈을 보되 시선이 한 군데 오래 머물지 않도록 한다. 공손한 어투를 좋아한다고 비굴한 듯한 느낌을 주는 말을 함부로 하면 안 된다. 즉 과다한 변명, 쓸데없는 수식어 사용, 너무 정중한 말을 피한다. 마무리할 때는 "감사합니다, 다시 뵙겠습니다" 등의 인사말을 사용하면 좋다.

내가 손님이었을 때 가장 기분 좋았던 경우가 어느 때이었던가를 생각해보면 여러 설명이 필요 없을 것이다.

나. 설명의 실제

다수의 청중을 대상으로 한 설명에서는 이른바 '눈높이 설명'을 하면 성공한다.

어떤 업무를 설명하거나 자신이 의도하는 바를 실행하도록 하기 위해서 남을 설득시키는 작업을 해야 하는 경우를 종종 접하게 된다. 회원조합 직원들을 상대로 정책자금 운용의 중요성을 설명해야 하는 경우도 있고, 지방 의회 의원들을 상대로 금고유치 설명을 할 경우도 생기는 등 수없이 설명과 설득이 필요함을 느끼게 된다.

설득력을 높이기 위해서는 명확한 표현을 사용하는 것이 중요하다. 쓸데없는 비유, 미사여구의 나열, 과장된 표현은 삼가야 한다. 주관적인 감정과 의견을 피해서 어디까지나 객관적인 사실과 논리적인 설명으로 질서 있고 정연하게 말해야 한다. 설명을 잘한다는 것은 생각보다 어렵기 때문에 사전에 정보에 대한 충분한 탐구가 있어야 자신이 생긴다.

또 단 한 번의 설명으로 모든 것을 알려줄 수 없기 때문에 항목을 제한하고, 다른 항목과의 관계를 확실하게 제시하면서 설명을 점진적으로 풀어 나간다.

물론 단어 선택은 정확하게 하고, 가능하면 단순화하여 지루함을 줄이는 것이 좋다. 쓸데없이 말을 늘어놓으면 듣는 사람들의 집중도를 떨어뜨린다. 신뢰도가 떨어지면 그 설명은 실패한 것이나 다름없다. 복잡한 사안은 잘못 알아듣기 쉽기 때문에 알아들을 수 있도록 반복어를 사용하고, 새로운 개념을 이해시키려면 옛것이나 비슷한 것과 비교해서 설명하는 것이 좋다. 요즘 유행하는 눈높이 설명을 하면 소기의 성과를 거둘 수 있다.

대인 스피치
Key-point 10

1. 목적을 정확히 하라.

2. 감정의 가락을 타라.

3. 유머로 공감대를 형성하라.

4. 플러스 사고를 하라.

5. 자신감을 갖고 말하라.

6. 느낌을 섬세하게 표현하라.

7. 신선한 화제를 준비하라.

8. 세련된 제스처를 사용하라.

9. 서두르지 말고 침착하게 하라.

10. 맑은 목소리로 표현하라.

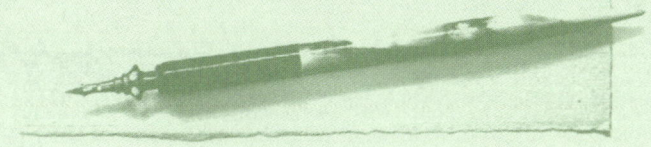

대중 스피치
Key-point 10

1. 쉽고 편안하게 말하라.

2. 가면을 벗어라.

3. 선명하고 간결하게 하라.

4. 온몸으로 말하라.

5. 기술보다는 내용이 중요하다.

6. 풍성한 소재로 무장하라.

7. 긴장을 늦추지 말라.

8. 청중과 함께 호흡하라.

9. 대중공포증에서 벗어나라.

10. 선택한 주제에 자신감을 가지라.

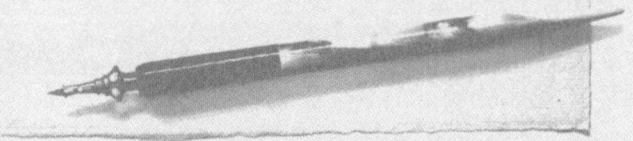

화력(話力)을 키우는
10가지 방법

1. 자기 주장 말하기

2. 핵심 찍어 말하기

3. 인용해서 말하기

4. 순서적 기법으로 말하기

5. 육하원칙에 의해 말하기

6. 원인과 결과로 말하기

7. 열거식으로 말하기

8. 비판적인 논조로 말하기

9. 질문을 던지는 방법으로 말하기

10. 그림을 그리듯이 말하기

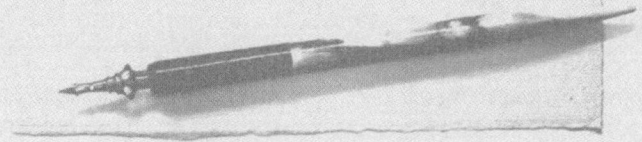

농협 임직원을 위한
3분 스피치 100선

2

주제별 스피치

2

주제별 스피치

1장_협동조합의 이해

001 협동조합의 정의

Speech 100

> **핵심 내용** "협동조합이란 평등에 기초하여 스스로에게 공동이익을 제공하기 위해 법적으로 하자가 없는 사람들에 의해 자유롭게 설립되고 소유 및 통제되는 사업체. 공동이익은 출자에서 생기는 것이 아니라 협동조합의 활동으로부터 나오는 것이다."_에드가 파넬

1844년 영국의 노동자들은 자본주의 체제 속에서 상대적으로 약자인 자신들의 권리와 이익을 지켜나가기 위해 '로치데일 조합'을 설립했습니다. '로치데일 조합'이 설립된 이후 지금까지 많은 나라에서 협동조합이 조직되고 발전되어 왔습니다.

하지만 그 성립과 발전 과정은 협동조합이 속한 나라와 시대 등에 따라 서로 다르고, '협동조합이 무엇인가'라는 개념도 국가와 시대, 사상과 이념적 차이에 따라 조금씩 달리 표현되어 왔습니다. 그래서 어떤 사람들은 자본주의의 폐해를 적극적으로 개선해 나가는 데 필요한 조직체로 협동조합을 이해하고 있기도 합니다.

일반적으로 협동조합이란 '경제적 약자들이 자신의 필요나 욕구를 충족시키기 위해 서로의 힘과 뜻을 모아 공동으로 사업 활동을 벌이는 자조적인 협동조직'을 뜻합니다.

국제협동조합연맹(ICA)에서는 협동조합을 '공동으로 소유되고 민주적으로 운영되는 사업체를 통하여 공통의 경제적·사회적·문화적 욕구를 충족시키고자 하는 사람들이 자발적으로 결성한 자율적 조직'이라고 정의하고 있습니다. 세계적인 협동조합 이론가인 영국의 에드가 파넬은 협동조합을 '평등에 기초하여 스스로에게 공동이익을 제공하기 위해 법적으로 하자가 없는 사람들에 의해 자유롭게 설립되고 소유 및 통제되는 사업체'라고 정의했습니다. 또한 '공동의 이익은 출자에서 생기는 것이 아니라 협동조합의 활동으로부터 나오는 것'이란 점도 분명히 밝히고 있습니다.

　협동조합은 구성원들의 성격상 '경제적 약자들의 단체'이자 '경제적 독립자들의 유기적인 단체'라는 특성을 지니고 있습니다. 또한 조직체의 성격상 '조합원을 위해 경제적 사업을 전개하는 경제단체' '비영리 단체로서 자유롭고 민주적인 인적 단체' '상부상조의 자주적 단체'라는 특성을 지니고 있습니다.

　오늘날까지 세계 협동조합이 오랜 세월 동안 지속적으로 발전해온 것도 이러한 특성을 어느 정도 유지해왔기 때문인데, 최근 경영환경 변화 과정 속에서 고유의 특성들이 희석되고 무시되는 경향이 자주 나타나고 있습니다.

　그러나 이런 일들은 협동조합의 본질을 망각하게 하거나, 협동조합의 존재 의미를 불투명하게 하는 위험한 일입니다. 따라서 경영을 강조할수록 우리 모두 협동조합의 본질을 잊거나 훼손하지 않도록 많은 노력을 기울여야 합니다.

002 협동조합의 이념

Speech 100

핵심 내용　협동조합 이념이란 협동조합이 지닌 최고가치와 지도정신을 의미하는 것이다. 자조와 자립정신을 바탕으로 한 자득타득(自得他得)의 상부상조 정신을 원동력으로 할 때 바람직한 협동조합 이념을 구현할 수 있다.

협동조합 이념이란 협동조합 운동의 지배적인 가치와 규범, 신념 및 이상 등을 포함한 주체적 의지의 표현으로, 협동조합이 지향하는 최고가치와 지도정신을 의미합니다. 지금까지 협동조합 사상가와 운동가들에 의해 정립되고 실천돼온 협동조합 이념으로는 '상부상조의 협동정신' '자조·자주·자립의 이념' '평등·비영리·공정의 이념' 등이 있습니다. 우리 농협의 경우에는 '자조·자립·협동'을 농협의 3대 이념으로 삼고 있습니다. 이 중 '협동'은 농협의 중심 이념으로 막연히 힘을 합친다는 사전적 의미가 아니라, 같은 목적을 달성하기 위해 힘을 모아 공동의 성과를 얻고자 하는 구체적 행위를 말합니다.

협동이념이 잘 구현되기 위해서는 무엇보다 서로에게 이익을 줄 수 있는 자득타득(自得他得)의 상부상조 정신이 필요한데, 이는 조합원 서로에게 도움이 되지 못하는 협동은 별다른 의미가 없기 때문입니다. 이러한 이념은 우리가 잘 알고 있는 '일인은 만인을 위하여, 만인은 일인을 위하여' 라는 말 속에 잘 표현돼 있습니다.

또한 '자조이념' 은 자득타득의 상부상조 정신의 전제조건으로 작용하게 되는데, 이는 서로 돕는다는 것은 자신의 일을 해결하는 자조의 바탕 위에서만 가능하기 때문입니다. 즉 협동조합을 통해 '자조 → 자득타득의 상부상조 → 바람직한 협동이념 구현' 의 관계가 형성되는 것입니다.

또한 농협 운동은 외부의 원조나 지원으로 이뤄지는 것이 아니라 조합원 스스로 자신들의 문제를 해결하고 개선하는 데 그 목적이 있으므로 '자립' 을 농협의 이념으로 삼고 있습니다. '자립' 은 외부의 간섭이나 지배에서 벗어나 올바른 협동조합 운동을 전개해 나가기 위한 전제조건이기도 합니다.

협동조합 이념은 협동조합을 운영하는 기본 원리이자 기반입니다. 조합원은 협동조합의 이념을 중심으로 결집되고, 협동조합 이념을 바탕으로 협동조합 운동을 전개하고 협동조합 운영에 참여하게 되는 것입니다.

따라서 협동조합 이념이 전체 조합원들 간에 명확하게 공유될 때는 협동조합 운동이 조합원의 적극적인 참여를 불러일으켜 활발하게 전개되지만, 그렇지 못할 경우에는 협동조합 운동이 침체되거나 협동조합의 존립 자체도 위협받을 가능성이 많습니다.

그렇기 때문에 우리 농협은 지속적인 교육을 통하여 임직원과 조합원 모두가 이와 같은 협동조합 이념을 항상 명확하게 공유할 수 있도록 지속적으로 관심과 노력을 기울여 나가야 합니다.

003 협동조합의 가치

.... **Speech 100**

> **핵심 내용** 국제협동조합연맹(ICA)은 1995년 협동조합은 자조·자기책임·
> 민주주의·평등·공정·연대의 기본적 가치에 기초한다고 발표했다. ICA는 이
> 와 함께 정직·공개·사회적 책임·타인에 대한 배려를 협동조합의 윤리적 가
> 치로 발표했다.

모든 사상에 나름대로의 가치가 있듯이 인간존중과 협동의 이념을 지닌 협동조합 사상에도 가치가 내포되어 있습니다. 이러한 협동조합의 가치는 협동조합이 다른 조직체에 비해 우월한 조직체라는 점을 인식시켜 줍니다.

협동조합의 가치에 대한 논의는 협동조합 고유의 존재 의의와 협동조합 특유의 사회·경제적 공헌에서 출발합니다. 역사적으로 1844년 로치데일 협동조합이 탄생한 이래 협동조합은 세계 도처에서 우여곡절을 겪으면서도 양적으로나 질적으로 발전을 거듭해 왔습니다. 이는 무엇보다 대중 속에 뿌리를 박고, 때로는 운동체로서, 때로는 경영체로서 정신적으로나 경제적으로 봉사해 왔기 때문입니다. 이것이 협동조합의 사회적·경제적 존재 의의이며 공헌입니다. 협동조합이 지니는 기본적 가치의 원천도 바로 여기에 있습니다.

그러나 협동조합이 기본적 가치를 현실에서 전개해 나가기 위해서는 보다 구체적이고 실천적인 가치덕목이 선정되어야만 합니다. 사람에 따라 사회 환경에 따라 선정 기준과 내용이 다르고, 상황에 따라 윤리적 기준과 경제적 기준을 달리하다 보면 협동조합의 가치 기준도 가변적일 수밖에 없습니다. 따라서 협동조합 학자와 운동가들은 모든 나라의 모든 협동조합이 공통으로 추구해야 할 협동조합의 보편적 가치를 규범화하기 위해 많은 노력을 기울여 왔습니다.

그러한 노력이 결실을 맺어 국제협동조합연맹(ICA)은 1995년 ICA 창립 100주년을 맞아 영국 런던에서 협동조합의 가치와 협동조합의 7대 원칙을 제시했습니다.

ICA가 발표한 협동조합의 가치는 기본적 가치와 윤리적 가치로 나뉘어 있습니다. 우선 기본적 가치는 자조(Self-help), 자기책임(Self-responsibility), 민주주의(Democracy), 평등(Equality), 공정(Equity), 연대(Solidarity)에 기초한다고 제시했습니다. 윤리적 가치로 제시된 것들은 정직(Honesty), 공개(Openness), 사회적 책임(Social responsibility), 타인에 대한 배려(Caring for others)입니다.

이런 협동조합의 가치는 협동조합의 과거와 현재, 그리고 미래를 연결시키는 고리입니다. 협동조합의 가치는 이상적인 목표가 아니라 실천을 위한 지침으로 행동화하고, 사업화하며, 성과화하는 데 있습니다. 그래야만 협동조합다운 협동조합으로 바로 설 수 있습니다.

004 ICA 협동조합 7대 원칙

> **핵심 내용** 국제협동조합연맹(ICA)은 1995년 협동조합 7대 원칙을 제시했다. 7대 원칙은 가입자유의 원칙, 민주적 관리, 조합원의 경제적 참여, 자율과 독립, 교육 훈련 및 정보 제공, 협동조합 간 협동, 지역사회에 대한 기여로 되어 있다.

협동조합원칙은 1937년 국제협동조합연맹(ICA)이 처음으로 채택한 이후 두 번 개정되었습니다. ICA가 1995년 개정해 지금까지 이어져 오고 있는 7대 원칙은 다음과 같습니다.

제1원칙은 자발적이고 개방된 조합원 제도입니다.

협동조합은 자발적인 조직으로서, 협동조합을 이용할 수 있고 조합원으로서 책임을 다하면 성(性)·사회적 신분·인종·종교·정파에 따른 차별을 두지 않고 모든 사람에게 개방해야 한다는 것입니다.

제2원칙은 조합원에 의한 민주적 관리입니다.

협동조합은 조합원에 의해서 관리되는 민주적인 조직으로서 조합원은 정책수립과 의사결정 과정에 적극 참여해야 하고, 선출된 임원은 책임을 지고 봉사해야 한다는 것입니다. 또한 단위조합의 조합원들은 동등한 투표권(1인 1표)을 갖고, 다른 연합단계의 협동조합도 민주적인 방식에 따라 관리해야 한다는 것을 뜻합니다.

제3원칙은 조합원의 경제적 참여입니다.

조합원은 협동조합의 자본조달에 공평하게 기여해야 하며, 출자배당이 있을 경우 출자액에 따라 제한된 배당을 받을 권리가 있음을 인정한 것입니다. 잉여금 배분은 준비금 적립, 사업이용 실적에 비례한 편익제공, 기타 조합원의 동의를 얻은 활동(사업) 지원으로 제한하고 있습니다.

제4원칙은 자율과 독립입니다.

협동조합이 정부 등 다른 조직과 약정을 맺거나 외부로부터 자본을 조달하더라도 조합원에 의한 민주적 관리가 보장되고 자율성이 보장돼야 한다는 것입니다.

제5원칙은 교육·훈련 및 정보 제공입니다.

협동조합 발전에 효과적으로 기여하도록 교육과 훈련을 해야 한다는 것으로, 특히 젊은 세대와 여론 지도층에 협동의 본질과 장점에 대한 정보를 제공해야 한다는 뜻입니다.

제6원칙은 협동조합 간 협동입니다.

협동조합은 지역간, 인접국간 및 국제적으로 함께 일함으로써 조합원에게 가장 효과적으로 봉사하는 것은 물론, 협동조합 운동을 강화해 나가야 한다는 것입니다.

제7원칙은 지역사회에 대한 기여입니다.

협동조합은 조합원의 의사에 따라 지역사회의 지속가능한 발전을 위해 노력해야 한다는 뜻입니다.

005 협동조합과 주식회사의 차이점

핵심 내용 협동조합은 인적 결합체로 자본 결합체인 주식회사와 근본적으로 다르다. 협동조합은 조합원의 경제적·사회적·문화적 지위 향상을 목적으로 하지만 주식회사는 이윤의 극대화가 존립의 목적이다.

협동조합과 주식회사의 가장 큰 차이는 협동조합은 인적 결합체인 반면 주식회사는 자본 결합체라는 점입니다. 협동조합은 출자를 많이 하든 적게 하든 1인 1표로 의사결정을 합니다. 그러나 주식회사는 출자액에 비례한 의사결정 구조를 갖고 있습니다. 따라서 주식회사는 경영권을 장악한 대주주에 의해 모든 의사가 결정됩니다. 그러나 협동조합은 조합원 모두가 평등한 권리를 갖고 조합 운영에 참여할 수 있습니다. 협동조합에 있어서 자본은 원활한 운영을 위한 수단이지 목적이 아닌 것입니다.

협동조합은 조합원이 주인이고, 주식회사는 주주가 주인입니다. 주주라 하더라도 많은 돈을 투자한 대주주가 실제 주인이지 소액 주주는 경영에 아무런 영향력도 행사할 수 없습니다.

협동조합은 조합원의 경제적·사회적·문화적 지위 향상을 도모하는 편익 제공을 목적으로 하지만, 주식회사는 주주의 이익을 목적으로 합니다. 또한 협동조합의 사업은 조합원의 이용을 원칙으로 하는 반면 주식회사는 불특정 다수의 고객이 사업대상이 됩니다.

이런 차이가 있음에도 불구하고 협동조합과 주식회사가 사업을 통해 이윤추구를 하는 점에서는 차이가 없는 것 아닌가 하는 의문을 가질 수 있습니다.

주식회사가 이윤의 극대화를 목적으로 하는 것은 분명합니다. 그러나 협동조합은 존립의 목적을 이윤 추구나 출자 배당 그 자체에 두고 있지 않습니다. 오히려 출자나 배당금을 제한하는 경우도 있습니다. 조합원의 입장에서도 배당보다는 조합을 통해 받는 서비스가 더 필요한 경우가 많습니다.

협동조합도 경영 부실로 인해 조합원이 피해를 보아서는 안 되기 때문에 사업을 통해 적정한 이윤을 내야 하고, 사업 확대에 필요한 자본을 적립해야 합니다. 그렇다고 해도 협동조합 운영의 기본 원리는 이윤추구가 아니라 사업을 통해서 조합원이 골고루 혜택을 받게 하는 데 있다는 점을 잊지 말아야 합니다.

따라서 협동조합은 먼저 사업을 수행하는 과정에서 적정한 이윤 추구는 물론 경영의 합리화나 경비 절감을 통해 보다 많은 편익이 조합원에게 돌아갈 수 있도록 최선의 노력을 다해야 합니다. 그러기 위해서 금융이나 경제사업 모두 시장에서 경쟁력을 확보해야 한다는 것은 주식회사와 다를 바 없습니다. 다만 그 과정에서 조합원을 단순한 고객으로 생각하거나 협동조합의 기본 성격과 목적 자체가 훼손되는 일이 발생하지 않도록 주의해야 할 것입니다.

006 협동조합과 자본조달

Speech 100

핵심 내용　협동조합의 자본조달 방식은 내부조달과 외부조달로 나눌 수 있다. 시장에서의 경쟁이 치열해지고 사업규모가 확대되면서 협동조합 역시 내부조달만으로는 필요한 자본을 조달하기 어렵기 때문에 외부의 투자를 필요로 한다.

기업이나 협동조합 모두 사업을 수행하기 위해 자본을 조달하지만, 조달 방식과 자본의 성격에서는 큰 차이를 보입니다. 기업은 이윤 획득을 목적으로 하기 때문에 투자자(주주)의 자격에 제한이 없으며, 투자자는 배당을 목적으로 투자합니다. 그러나 협동조합은 조합원의 출자를 통해 조합의 경제활동을 위한 사업자금을 조성하는 것이기 때문에 배당 자체를 목적으로 하지 않습니다. 또한 외부의 투자가 이루어져도 투자자의 자격이나 투자액에 대해 제한을 두고 있습니다. 이러한 점이 협동조합 자본조달의 가장 큰 특징입니다.

협동조합의 자본조달 방식은 내부조달과 외부조달로 나눌 수 있습니다. 어느 조직이든 내부에서 자기자본을 조달할 수 있다면 기업지배를 공고히 하고 조직의 신용도를 높일 수 있기 때문에 가장 이상적이라 할 수 있을 것입니다.

서구의 협동조합은 조합원의 출자를 촉진하기 위해 조합원별로 사업이용 실적에 비례해 출자의무를 부과하는 제도를 도입하거나 조합원에게 투자증권을 발행하고 있습니다. 또한 조합원의 출자로 충당하지 못하는 자본조달 문제를 해결하기 위해 외부 투자자에게 투자증권을 발행하거나 공공투자 자회사를 설립하는 등 다각적인 노력을 기울이고 있습니다.

우리 농협의 경우 조합원의 경제력이 취약해 자본 확충에 많은 어려움이 있습니다. 일선 조합의 사정이 어렵기 때문에 농협중앙회도 내부 조달에 의한 자본 확충에는 상당한 제약이 따를 수밖에 없습니다. 그럼에도 불구하고 지난 5월 농협중앙회가 '일선 조합의 납입출자금 1조원 추진운동'을 벌여 6월말 1조1,363억원 규모의 대규모 자기자본 확충에 성공한 것은 획기적인 일입니다. 은행권에서도 유례가 없는 일로 최단 기간에 1조원 이상의 자기자본을 추가로 확보한 것입니다. 이로써 농협의 신용부문 국제결제은행(BIS) 기준 자기자본 비율은 3월말 11.99%에서 6월말 12.5%로, 자기자본 비율도 7.8%에서 8.2%로 높아져 농협중앙회의 대외 신인도가 크게 높아지게 됐습니다. 대자본과 경쟁하고 조합원에게 실익을 제공할 수 있는 새로운 사업에 진출하기 위해선 자본의 확충이 필수적입니다.

따라서 농협도 장기적으로는 외부로부터 자본조달을 할 수 있는 다각적인 방안을 강구할 필요가 있습니다. 앞으로 농협이 해결해야 할 어려운 과제 중의 하나가 협동조합에 대한 지배나 간섭을 막으면서 외부로부터 자본을 조달하는 합리적인 방안을 강구하는 일입니다.

007 근대 협동조합의 효시 로치데일 조합

Speech 100

> **핵심 내용** 로치데일 공정협동조합이 성공하여 근대 협동조합의 효시가 된 것은 △조합운영의 공개 △1인 1표주의 △이용고 배당 △출자배당 제한 △정치·종교적 중립 △시가에 의한 현금거래 △교육의 촉진과 같은 훌륭한 운영 원칙을 갖고 있었기 때문이다.

세계 최초의 협동조합인 로치데일 공정선구자조합은 1844년 28명의 노동자들이 설립한 소비협동조합입니다. 로치데일 공정협동조합이 성공하여 근대 협동조합의 효시가 된 것은 △조합운영의 공개 △1인 1표주의 △이용고 배당 △출자배당 제한 △정치·종교적 중립 △시가에 의한 현금거래 △교육의 촉진과 같은 훌륭한 원칙을 만들고 이에 충실한 운영을 했기 때문입니다. 로치데일 조합의 원칙은 협동조합운동사에 지대한 영향을 미쳤고, 이 중 상당 부분이 지금도 협동조합의 성격을 규정짓는 원칙으로 존중받고 있습니다.

영국의 로치데일이라는 조그마한 도시는 19세기 전반기에 영국 산업혁명의 혜택과 이로 인한 비참한 생활을 동시에 경험한 역사적인 고장이었습니다. 영국 산업혁명의 견인차였던 면방직공업의 중심지 맨체스터에서 가까운 로치데일은 직물업이 주산업이었습니다.

이곳의 아일랜드 출신 광부와 공장 노동자들은 열악한 작업환경과 저임금 등에 시달리며 자본가의 착취에 많은 불만을 품게 되었습니다. 이런 상황에서 1840년 로치데일 지방을 휩쓴 대기근이 발생하자, 28명의 노동자들은 1844년 8월 15일 창립총회를 갖고, 10월 24일 역사적인 로치데일 공정선구자조합을 설립합니다.

로치데일 협동조합의 성공요인에 대해서는 다양한 연구가 있으나 공통적인 몇 가지를 보면 다음과 같습니다.

첫째, 협동이상촌 건설이라는 위대한 목적이 사람들의 마음을 사로잡고 조합원을 결집할 수 있었다는 것과, 실천 방법으로 손쉬운 일부터 착수하여 점차 사업을 확대해 나간 점입니다.

둘째는 앞서 언급한 대로 조직과 경영의 원칙이 훌륭했다는 것이고, 셋째는 조합원에 대한 교육에 많은 비중을 두었다는 것입니다. 로치데일 조합의 선구자들은 투철한 이상적 협동조합 사상가인 오웬주의자들이었으며, 조합 목적 달성에 교육이 중요하다는 확신을 갖고 있었습니다. 넷째는 자그마한 상점을 운영하는 소매업이 초창기 사업이었으나 조합원으로부터 예금을 받고 제분공장 등 관련 사업 확대에 일찍부터 노력해 조합원의 실익을 지속적으로 제고한 점입니다. 다섯째는 다른 조합의 설립과 발전에 대한 많은 노력과 지원을 통해 협동조합운동을 확산시킨 점입니다.

이러한 요인에 의해 로치데일 조합은 성공적인 모델이 되었고, 초창기 많은 협동조합은 로치데일 조합의 정관을 그대로 채택하는 등 로치데일 조합의 정신과 운영방법을 통해 성장할 수 있었습니다.

008 농협운동의 모태 라이파이젠 조합

Speech 100

핵심 내용 라이파이젠 농촌신용협동조합은 농민에게 중기 자금을 지원해 농민 스스로 가축을 구입할 수 있도록 하고, 주택·토지·농기구 등의 구입 자금을 대출해주는 신용지원을 함으로써 농협운동의 모태가 됐다.

세계 최초로 농촌신용협동조합을 설립한 라이파이젠은 독일의 프로이센에서 출생했습니다. 독일의 민주주의적 혁명운동을 지지하고 왕권 반대파에 섰다가 반란 미수죄로 고발되어 정계를 은퇴한 그는 농촌지역에서 협동조합 운동에 힘을 기울였습니다.

라이파이젠은 조합이 금융을 비롯한 여러 가지 경제사업을 운영하더라도 이는 가난한 농민의 생활을 개선하기 위한 수단에 불과하다는 확고한 신념을 갖고 있었던 사람입니다. 그는 농민이 궁핍한 원인을 규명하고 그 극복책을 강구하면서 협동조합 사업의 종류를 단계적으로 확장해 나가는 한편, 지역적으로는 작은 마을에서 시작해 전국적인 연합회로 발전시켜 나갔습니다.

라이파이젠은 초창기에 소농들이 대부업자의 고리채에 시달리는 것을 보고, 지역 유지가 중심이 된 위원회를 구성해 정부 배급물자를 공평하게 분배하는 동시에 유지들로부터 자선적 성격의 기부금을 모아 밀을 대량으로 구입한 후 농민들에게 싸게 대여한 다음 이듬해에 갚도록 했습니다.

이후 그는 부락 대부소(푸라마스펠트 구혈조합)를 설립했습니다. 지역 유지들을 설득해 필요한 자금을 투자하게 하고, 그 돈으로 농민에게 가축 구입자금을 빌려주고 나눠 갚도록 하는 사업을 도입한 것입니다. 또 중기 자금을 지원해 농민들이 주택·토지·농기구 등을 구입토록 했습니다.

그러나 라이파이젠 조합들이 점차 조합원의 무관심으로 하나둘 해산하게 되자 협동조합 운동이 의무와 박애의 원리만으로는 운영이 어렵다는 것을 깨닫고, 협동조합 운동의 기조를 '자선원리'에서 '자조원리'로 바꾸고 사업은 저축과 대부로 국한시키게 됩니다. 조합원이 아니면 돈을 대출해주지 않는다는 규정은 새로운 것이었고, 이익금은 분배하지 않고 기금으로 적립했습니다. 이것이 농촌신용협동조합의 효시입니다.

라이파이젠은 협동조합 운동을 강화하기 위해서는 연합조직이 필요함을 깨닫고 1876년 '독일농업중앙대부금고'를 설립한 데 이어 1877년 '농업협동조합대표자연맹'을 창설했습니다. 연맹은 1889년 '라이파이젠 협동조합총연맹'으로 개칭됐습니다. 라이파이젠 협동조합의 발전 요인은 사업의 효율화를 위해 연합회를 일찍이 조직하였다는 것입니다. 또 1880~1890년대에 정부의 농업자금을 흡수함으로써 저리자금을 재원으로 활용할 수 있게 된 것을 들 수 있습니다.

009 한국 농협의 특수성

.... **Speech 100**

> **핵심 내용** 한국 농협의 특징은 신용과 경제사업을 함께 하는 종합농협이라는 점이다. 이는 농업생산 구조가 평균 경지면적 1.3ha 안팎의 소농구조이고, 복합영농이 주류를 이루는 특성에서 비롯된 것이다.

한국 농협은 외국의 협동조합에 비해 두드러지는 몇 가지 독자적인 특성을 갖고 있습니다.

무엇보다 가장 큰 특징은 대다수 회원조합이 영세소농을 기반으로 하여 조직되었고 경제·신용·지도사업을 함께 하는 종합농협 형태를 취하고 있다는 점입니다. 서구의 농협은 이해관계를 같이하는 농민을 중심으로 업종별로 조직되어 금융·보험·구매·판매·가공 등 기능별로 전문화되어 있습니다. 그러나 우리의 경우 품목별로 전업농가를 중심으로 한 품목조합이 일부 조직되어 있긴 하지만, 품목별·업종별 구분 없이 관할 구역 내 전 농민을 대상으로 한 종합농협이 주축을 이루고 있습니다.

이러한 한국 농협의 특수성은 농업생산 및 농촌사회의 구조적 특성에서 비롯된 것입니다. 서구 농협의 경우 생산규모가 호당 평균 유럽은 15ha, 미국은 200ha에 달하고, 축산·원예·과수·특작 등으로 전문화되어 있습니다. 더 나아가 축산은 육유·낙농·양돈·양계 등으로, 원예 역시 품목별로 나누어져 있어 협동조합도 품목 또는 기능 중심으로 발전하게 된 것입니다.

이에 비해 한국의 농업생산 구조는 경지규모가 1.3ha 안팎으로 작고, 복합영농을 하는 소농구조로 이루어진데다 가계와 경영의 분리도 명확하지 않습니다. 이에 따라 한국 농협은 일정 지역 내의 전 농민을 대상으로 종합적인 서비스를 하는 종합농협으로 발전해 오게 된 것입니다.

또 다른 특징은 중앙회도 종합농협 체제를 갖추고 있다는 점입니다. 해방 직후 농협은 농업은행과 경제사업을 하는 (구)농협이 별도로 있었으나 (구)농협이 자본금 부족 등으로 사업이 활성화되지 않자 1961년 양 기관을 통합해 지금의 종합농협을 설립하게 된 것입니다. 한국과 비슷한 소농구조를 갖고 있는 일본과 대만의 농협을 보면 회원조합 단계에서는 종합농협 체제를 갖추고 있으나 연합회 단계에서는 기능별·품목별로 분리되어 있습니다. 그러나 우리의 경우는 중앙회도 종합농협 체제로 발전을 거듭해 왔으며 이러한 특성은 2000년 농축인삼협의 통합에 의해 더욱 강화되었습니다.

농협중앙회가 회원농협의 상호금융 연합회로서의 기능을 수행하는 동시에 직접 사업을 한다는 점도 특징입니다. 외국의 경우 연합회는 주로 회원조합을 통해 조달된 자금을 운용하거나 지도업무를 주 임무로 하는 데 비해 한국 농협중앙회는 금융사업의 경우 소비자를 대상으로 직접 금융까지 담당하고 있습니다.

010 개정 농협법안의 핵심 내용

.... Speech 100

> **핵심 내용** 2009년 4월 22일 국회 법제사법위원회를 통과한 개정 농협법안은 중앙회장을 대의원회에서 선출하고, 중앙회장 임기 단임제, 중앙회 감사위원회의 독립기구화, 자산규모 2,500억원 이상인 조합의 조합장 비상임화 및 상임이사 도입 의무화, 조합 선택권 확대 등이 핵심 내용이다.

농협법 개정안이 지난 2009년 4월 22일 국회 법제사법위원회를 통과, 본회의 통과 절차만을 남겨 놓고 있습니다. 법안이 공포되면 6개월이 경과한 날로부터 시행에 들어갑니다. 개정 농협법안은 그동안 6차례의 공청회 등 의견수렴을 거치는 동안 많은 진통이 있었습니다. 그만큼 내용이 혁신적이어서 앞으로 농협의 운영 전반에 걸쳐 적지 않은 영향을 미칠 것으로 예상되고 있습니다.

우선 중앙회 부분은 중앙회장과 관련된 내용이 주를 이루고 있습니다. 그동안 총회에서 선출하던 중앙회장을 대의원회에서 선출토록 하고, 임기는 연임에 제한이 없던 것을 4년 단임제로 전환했습니다. 또한 중앙회장이 행사하던 대표이사·사외이사·조합감사위원장 추천권을 인사추천위원회에서 추천토록 함으로써 전반적으로 중앙회장의 권한을 축소하고 이사회 중심으로 운영하도록 한 것이 특징이라고 할 수 있습니다. 그러나 중앙회장은 종전과 같이 총회·대의원회·이사회 의장으로서 역할을 하게 됩니다.

중앙회 이사는 현행 21명 이상으로 규정돼 있고 현재 35명의 이사가 있으나 앞으로는 30명 이내로 정원이 축소됩니다. 조합장이사와 사외이사 각각 3명씩 6명으로 구성된 이사회 소속 중앙회 감사위원회는 3명의 외부 전문가를 포함한 5명으로 구성하되 별도의 독립기구로 그 기능을 강화했습니다.

조합과 관련된 내용은 조합장 부분과 조합 운영에 관한 내용으로 나눠집니다. 핵심은 자산규모 2,500억원 이상인 조합의 경우 조합장은 비상임으로 하고 대신 상임이사를 두도록 하고 있습니다. 조합장은 재임 중 기부행위가 금지되나 직무상의 행위나 의례적 행위는 예외로 인정됩니다.

조합 운영과 관련된 사항으로는 상임이사 임기를 4년에서 2년으로 단축하고 상임이사의 선출도 조합장 지명권을 없애고 인사추천위원회을 구성해 추천토록 했습니다. 자산규모가 1,500억원 이상인 조합은 사외이사를 반드시 두도록 한 것도 달라진 내용입니다.

논란이 컸던 조합원의 조합 선택권 확대는 당초 정부가 전국으로 확대해 조합원이 전국의 어떤 조합에도 가입할 수 있도록 추진을 했으나 반대 여론에 밀려 동일 시·군·구로 확대하는 선에서 절충이 되었습니다.

조합공동사업법인의 출자는 그동안 조합으로 한정되어 있었으나 중앙회·영농조합·농업회사법인이 추가되었고 의결권도 1조합 1표에서 출자액 비례로 바뀌게 되었습니다.

011 농협 사업 분리와 지주회사

Speech 100

> **핵심 내용** 지주회사란 다른 회사 주식을 소유해 그 기업의 경영권을 지배하는 것을 목적으로 하는 회사다. 최근 농협의 사업 분리와 관련해 신용과 경제 지주회사를 설립하는 안이 일부 언론에 보도되면서 이에 대한 관심이 높아지고 있다.

지주회사란 다른 회사의 주식 또는 지분을 소유함으로써 그 회사의 사업 활동을 지배하는 것을 목적으로 하는 회사를 말합니다. 참여회사 또는 자본관리회사라고도 합니다. 일반적으로 지주회사는 다른 회사의 주식을 소유하기 위한 목적으로 설립됩니다. 독점규제 및 공정거래에 관한 법률에서는 '주식의 소유를 통하여 국내회사의 사업 내용을 지배하는 것을 주된 사업으로 하는 회사로서 자산총액이 1,000억원 이상이면서 소유하고 있는 자회사의 주식가액 합계액이 당해 회사 자산총액의 100분의 50 이상인 회사'를 지주회사로 규정하고 있습니다.

유형별로 보면, 지주회사는 회사 자신이 다른 사업을 영위하고 있는가에 따라 순수지주회사와 사업지주회사로 나뉩니다. 순수지주회사는 별도의 사업을 영위하지 않으면서 오직 다른 회사의 지배·관리만을 목적으로 하는 회사를 말합니다. 사업지주회사는 고유의 사업을 하면서 부수적으로 주식의 소유를 통해 다른 회사를 지배하려는 것을 목적으로 하는 회사입니다.

예를 들어 (주)LG는 순수지주회사로, 관련 계열사인 LG전자와 LG화학 등을 지배하면서 일정 비율의 브랜드 사용료를 받아 운영합니다. 지주회사는 자회사 지분율이 50%(상장사는 30%) 이상이면 설립이 가능하며, 부채비율이 100% 이하, 채무보증 완전 해소, 금융·비금융 자회사 교차 소유 금지 등의 조건을 지켜야 합니다.

지주회사는 사업의 분리와 매각이 쉬워 기업의 재편성과 다각화를 추진하는 데 도움이 되는 제도입니다. 그러나 목적이나 기능으로 보아 기업 결합의 구심체 역할을 할 뿐 아니라 독점 형성의 수단으로 이용될 우려가 있기 때문에 우리나라에서는 1986년 지주회사 설립을 원천적으로 금지했다가 1999년 4월 외환위기 이후 기업의 구조조정을 촉진키 위해 지주회사의 설립·전환을 제한적으로 허용하고 있습니다.

지주회사가 최근 관심을 모으고 있는 것은 농협의 사업 분리와 연관이 있기 때문입니다. 농협은 신용과 경제사업을 분리하는 방안을 검토 중입니다.

일부 언론에 보도된 내용을 보면 1단계로 중앙회를 교육지원 본부와 농업경제·축산경제·신용·상호금융 4개 독립기업제로 개편하고, 2단계로 농업경제와 축산경제를 묶어 농협경제지주회사로, 신용부문은 NH금융지주회사로 분리한다는 것입니다. 그러나 이 같은 내용은 어디까지나 실무선에서 검토되고 있는 것으로 확정된 내용은 아닙니다.

012 협동조합 섹터론

Speech 100

핵심 내용　협동조합 섹터는 정부·기업과 함께 국민경제를 형성하는 제3섹터의 중심축이다. 협동조합 섹터는 협동조합의 역할과 위상을 인정받는 근거가 된다는 점에서 현실적으로 중요한 의미가 있다. 일반적으로 협동조합은 정부와 기업에 속하지 않는 제3섹터의 일원이자 구심체로서 자발적이고 민주적이며 사회의 공익을 위해 기여하고 있다.

국민경제를 구성하는 중요한 섹터로서 협동조합이 지니는 의미와 가치는 정말 소중한 것입니다. 사회는 개인을 비롯한 수많은 조직체로 구성되며, 협동조합도 이러한 조직체 가운데 하나입니다. 협동조합 섹터란 협동조합이 수행하는 경제적·사회적 기능을 통해 국민경제에서 차지하고 있는 고유의 영역을 의미합니다.

협동조합은 정부와 기업에 속하지 않는 제3섹터(협동조합·공제조직·비영리조직 등)에 속합니다. 협동조합은 정책사업을 대행한다는 점에서는 정부 섹터에, 사업체로서 시장에서 활동한다는 점에서는 기업 섹터에 속하는 것으로 볼 수 있습니다. 그러나 정부 섹터는 계획 메커니즘에 의해, 기업 섹터는 시장 메커니즘에 의해 운영되고, 협동조합 섹터는 협의(協議) 메커니즘으로 운영된다는 점에서 본질적인 차이가 있습니다.

자본주의의 고도화와 경제의 글로벌화는 국경을 초월한 경쟁과 환경파괴, 인간성 상실, 빈부격차 등의 문제를 심화시키고 있습니다. 그러나 이러한 문제를 정부와 기업의 힘만으로 해결하기에는 한계가 있습니다. 그래서 최근 비영리조직(NPO)·비정부조직(NGO)과 같은 시민·사회단체가 정부나 기업섹터와 다른 제3섹터를 형성하고 활발한 활동을 벌이고 있습니다. 제3섹터의 일원인 협동조합은 조합원의 수나 사업의 규모로 볼 때 제3섹터에서 구심체 역할을 하고 있습니다.

협동조합 섹터는 협동조합의 역할과 위상을 인정받는 근거가 된다는 점에서 현실적으로 중요한 의미가 있습니다.

유럽연합(EU)에서는 제3섹터를 사회적 경제(Social Economy)로 부르고 있습니다. 사회적 경제조직은 유럽통합 과정에서 발생한 사회적인 갈등, 특히 실업문제 해소에 매우 중요한 역할을 수행하였습니다. EU는 이러한 사회적 경제조직이 발전할 수 있도록 1989년 '사회적 경제국'을 설치하고 정보제공·재정지원을 하고 있습니다.

협동조합 섹터의 개념은 1937년 협동조합 운동가인 포케가 '공상적 협동주의'를 비판하면서 처음으로 제기한 것으로 이후 시대 상황에 따라 발전되어 왔습니다. 국제협동조합연맹(ICA)은 1966년 '협동조합 간 협동'을 협동조합 원칙으로 채택, 협동조합 섹터의 역할과 위상을 강조했습니다. 이어 1980년 ICA 보고서에서 레이들로가 '협동조합 지역사회 건설'을 제기해 협동조합 섹터를 공론화한 데 이어 1995년 ICA 협동조합 원칙에 '지역사회에 대한 기여'가 포함되면서 협동조합 섹터의 공익적 역할이 구체화됐습니다.

013 협동조합의 편익과 한계

> **핵심 내용**   협동조합은 조합원과 지역사회·소비자 등에게 다양한 편익을 제공하지만 한계도 지니고 있다. 예를 들어 농산물의 생산 조절이나 가격 결정과 같은 기능은 협동조합이 할 수 없다는 것이다.

협동조합은 조합원의 편익을 목적으로 하고, 주식회사는 주주의 이익을 목적으로 합니다. 여기서 중요한 것은 협동조합이 조합원에게 줄 수 있는 편익이 무엇이고, 그 한계는 무엇인가 하는 점입니다.

농협의 예를 들어보겠습니다. 농협에 대한 비판을 분석해보면 협동조합의 한계를 잘 이해하지 못하고 농협이 마치 모든 농업문제를 해결할 수 있는 것으로 생각하는 오해에서 비롯된 것이 많습니다. 가장 대표적인 것이 농축산물의 가격이 폭등하거나 폭락할 때 농협이 생산 조절을 제대로 하지 못해 발생하는 것으로 비판을 하는 것입니다. 그러나 생산 조절이나 가격 결정과 같은 것들은 협동조합이 할 수 있는 문제가 아닙니다. 협동조합은 만능이 아니고 분명한 한계를 갖고 있는 조직이란 점을 미국 농무부는 '협동조합의 편익과 한계'를 통해 지적하고 있습니다.

미국 농무부 웹사이트(www.usda.gov)에 실린 '협동조합의 편익과 한계'를 보면 농협이 농민 조합원과 지역사회, 소비자에게 제공할수 있는 편익은 아주 다양하고 광범위합니다. 하지만 농업에 종사하는 농민 조합원이 조직한 자발적 조직이라는 점에서 농협이 할 수 있는 일의 한계도 분명합니다.

미 농무부가 정리한 협동조합의 편익과 한계를 간단히 소개하면다음과 같습니다.

협동조합(농협)의 편익

- **농민조합원에 대한 편익**
  협동조합 소유와 민주적 관리, 서비스 개선, 농자재의 안정적 공급, 시장 확대, 법률적 지원, 농가소득 증대, 농자재와 농산물의 품질 향상, 시장경쟁력 촉진, 농가 경영능력 향상, 가족농의 농업경영 유지, 농촌지도자 발굴 육성
- **지역사회에 대한 편익**
  지역사회 소득 증가, 지역사회 발전에 기여, 비농민에 대한 재화와 서비스 지원
- **소비자에 대한 편익**
  양질의 농산물 공급, 새로운 제품과 가공법 개발, 다양한 서비스 지원, 생산비와 판매비 절감, 복지 증진

협동조합(농협)의 한계

생산 조절, 가격 결정, 시장 지배력, 내부유보 적립, 노동에 의한 영농, 매개자 기능, 가격과 서비스에 대한 영향, 고유 특성에 의한 제한

014 에드가 파넬의 진정한 협동조합

Speech 100

핵심 내용　영국의 저명한 협동조합 전문가인 에드가 파넬은 진정한 협동조합이 되기 위한 10가지 요건을 제시하고 협동조합이 올곧게 협동조합의 역할을 다할 수 있도록 하는 간절한 기원을 담은 기도문을 발표해 큰 반향을 일으켰다.

영국의 저명한 협동조합 전문가인 에드가 파넬은 진정한 협동조합의 특징을 10가지로 정의했습니다. 내용의 대부분은 협동조합의 원칙에 속하는 것들입니다. 에드가 파넬은 "협동조합이 결코 만병통치약이 아니며, 모든 상황에 맞는 적합한 조직형태도 아니지만, 적소(適所)와 적시(適時)의 경우에는 종종 최상의 선택이 될 수 있다"고 그의 저서에서 밝히고 있습니다. 그가 제시한 진정한 협동조합이 되기 위한 10가지 요건은 다음과 같습니다.

1. 협동조합은 조합원의 이익을 위해 존재해야 한다는 것입니다.
2. 조합원은 주요 이해관계자 집단에 속하는 사람들로 제한되며, 정치·종교·인종 등 기타의 이유로 조합원의 자격이 제한되지 않아야 한다는 것입니다.

3. 협동조합의 서비스를 더 이상 이용하지 않는 조합원은 조합원의 자격이 없다고 단정하고 있습니다.

4. 주요 이해관계자 집단에 속해 있고 협동조합의 서비스를 정기적으로 이용하는 사람은 조합원이 될 자격이 있고, 또한 협동조합 이용은 적극적으로 권장되어야 한다고 강조하고 있습니다.

5. 조합원 가입은 강요되어서는 안 되고, 마찬가지로 협동조합 역시 비조합원에 대한 서비스 제공을 강요받아서는 안 된다는 것입니다.

6. 조합원은 직·간접적으로 협동조합을 통제할 수 있어야 한다는 점입니다. 이는 조합원에게 적어도 이사와 감사를 선출 또는 해임할 수 있는 권한과 협동조합의 기본 목표를 수립하고 규정의 개정과 이익 분배에 동의할 수 있는 권한이 있음을 뜻합니다.

7. 협동조합의 이익은 이용실적에 따라 모든 조합원에게 공평하게 배분되어야 한다는 것입니다.

8. 조합원은 협동조합의 이익뿐만 아니라 위험도 함께 책임져야 한다는 점을 분명히 밝히고 있습니다.

9. 조합원을 포함해서 협동조합의 운영을 위해 투자된 자금에 대해서는 시장 이자율에 의한 이자를 받을 수 있으나 투자 수준에 비례해서 이익을 분배받거나 투표권을 행사해서는 안 된다는 것입니다.

10. 협동조합이 조합원의 실질적 요구에 지속적으로 봉사할 수 있기 위해서는 경영자와 조합원 쌍방 간에 의사소통을 원활히 할 수 있는 운영체계가 있어야 한다고 지적하고 있습니다.

015 세계농민헌장과 가족농

Speech 100

> 핵심 내용 세계농민헌장이 한국 농협의 제안으로 2006년 세계농업인연맹
> (IFAP) 서울총회에서 채택된 것은 큰 의미가 있다. 한국 농협이 주도해 제정
> 한 세계농민헌장이 지향하는 궁극적인 목표는 가족농의 보호다.

전 세계 6억명 이상의 가족농을 대표하는 세계 최대 농민단체인 세
계농업인연맹(IFAP)은 2006년 5월 19일 제37차 서울총회에서 총회
에 참석한 83개국, 118개 농민단체의 만장일치로 한국 농협이 제안
한 세계농민헌장을 채택했습니다.

세계농민헌장이 지향하는 목표는 10개항의 기본원리와 규범에 압
축되어 있습니다. 이를 살펴보면 ① 농업의 중요성과 농민의 막중한
역할을 인정한다 ② 농민조직을 필수불가결한 동반자로 참여시키고
존중한다 ③ 농민이 정당한 소득을 얻을 수 있도록 기회를 제공한다
④ 농촌과 도시를 동등하게 대우하고 정당한 대접을 한다 ⑤ 농업의
다양성과 지속가능성을 보장한다 ⑥ 기아와 영양실조, 농촌빈곤을
퇴치한다 ⑦ 공정하고 공평한 농산물 무역협상을 확립한다 ⑧ 농산
물 유통체계에서 힘의 균형을 통해 시장이 제 기능을 발휘하고 활성

화되도록 보장돼야 한다 ⑨ 여성농민과 청년농민에 대한 특별한 배려와 격려가 있어야 한다 ⑩ 안전한 먹을거리의 생산기준·생산이력제 등에서 국제적 협력을 확대한다 등입니다.

이 같은 내용의 세계농민헌장이 지향하는 궁극적인 목표는 가족농의 중요성입니다. 세계화의 거센 물결 속에서 초국적 농기업에 의한 농산업의 독과점과 이에 따른 가족농의 붕괴가 이제 더 이상 묵과할 수 없을 정도로 심각한 현상으로 치닫고 있는 것이 현실입니다. 가족농의 붕괴는 탈농과 농업노동자로의 전락, 농촌사회의 공동화로 이어집니다. 지난 반세기 동안 세계적으로 농민들은 농지를 빼앗기고 삶의 뿌리가 뽑힌 채 농촌에서 떠났습니다. 그들은 가업으로 이어받은 생계수단을 개발·성장·근대화·산업화·세계화·이윤이라는 이름으로 박탈당했습니다. 저개발 국가와 개발도상국의 농업은 농업생산의 다양성을 부정당하고 오직 효율만을 추구하는 공장형 농축산업의 생산물을 소비하는 곳으로 급격히 전락하고 있는 것입니다.

전통의 농업 유전자원은 거대 기업에 의해 장악되고 이들에 의해 개발된 유전자 변형 농산물의 종자가 그 자리를 차지하고 있습니다. 소비자들 역시 안전한 식품의 선택권을 빼앗기고, 이들 거대 기업이 농업 생산과 가공·유통을 수직적으로 통합해 세계 시장에 독점적으로 공급하는 각종 농식품의 구매를 강요당하고 있는 현실입니다.

세계농민헌장은 이러한 현실을 극복하기 위해 가족농의 중요성을 세계만방에 다시 천명하고, 가족농이 지속가능한 농업과 농촌발전 전략의 핵심임을 강조한 것으로, 그 뜻을 다시금 깊이 새길 필요가 있습니다.

016 한국협동조합협의회 공동 선언문

·························· **Speech 100**

> **핵심 내용**   농협중앙회를 비롯한 국제협동조합연맹(ICA) 6개 회원협동조합
> 은 7월 3일 한국협동조합협의회를 발족했다. 협의회는 이날 공동선언문을
> 통해 '협동조합 간 협동을 통해 지속가능한 사회·경제적 발전과 번영에 앞
> 장설 것' 등 5개항을 다짐했다.

농협중앙회와 산림조합중앙회, 새마을금고연합회, 수협중앙회, 신협
중앙회, 아이쿱생협연합회 등 국제협동조합연맹(ICA) 회원 6개 협동
조합은 7월 3일 한국협동조합협의회를 발족했습니다. '협의회' 발족
은 한국의 협동조합운동이 한 차원 높은 단계로 발전해 나갈 수 있는
계기를 마련했다는 점에서 그 의미가 있습니다.

'협의회'는 이날 공동 선언문을 발표하고 '협동조합 간 협동을 통
해 지속가능한 사회·경제적 발전과 번영에 앞장설 것' 등 5개항을
다짐했습니다. 공동 선언문은 "개방화·국제화의 심화와 시장경제
원리에 따른 이익 추구의 지나친 확산 속에서 세계 경제의 위기가 닥
친 이때에 우리는 전 세계 8억 협동조합인과 함께 공존과 공영·상생
을 추구하는 협동조합의 막중한 역할과 가치를 재천명한다"고 밝히
면서 "국제연합(UN)에서도 협동조합의 중요성을 인정하고, 협동조

합의 발전과 번영을 위한 정부와 사회의 관심과 지원을 촉구하고 있음"을 강조했습니다.

이날 6개 협동조합이 공동으로 선언한 5개항의 내용은 첫째, 협동조합의 기본가치인 자조·자기책임·민주·평등·공평·연대·정직·투명성·사회적 책임·타인에 대한 배려를 신조로 삼고 실천하며, 협동조합 이념을 확산시키고 협동조합 원칙에 맞는 협동조합 운영을 통하여 더불어 잘사는 지역사회 건설과 국민경제의 균형 있는 발전, 세계 경제의 번영에 다함께 노력한다는 다짐입니다.

둘째는 협동조합 간 긴밀한 협동을 통하여 건강하고 쾌적한 공동체 사회를 구현하며, 지속가능한 사회·경제적 발전과 번영을 위하여 앞장선다는 약속입니다. 셋째는 지역사회와 협력해 협동조합의 가치를 전파하고, 조합원의 신규가입·사업이용의 활성화·민주적 참여를 촉진시키며, 고용의 유지 및 창출에 기여하여 지역공동체의 지속가능한 발전을 추구한다는 내용입니다. 넷째는 안전하고 품질 좋은 상품을 생산하고, 직거래를 활성화시켜 생산자와 소비자 모두의 이익을 증대하며, 환경보호와 국민건강 증진에 기여한다고 다짐했습니다. 다섯째는 정부와 사회가 협동조합의 중대한 가치와 역할을 재인식하고 협동조합의 건전한 발전을 위해 지속적으로 지원해 줄 것을 촉구했습니다. 공동 선언문은 협동조합 본연의 가치와 역할에 대한 사회적 인식을 새롭게 하고 협동조합의 힘을 모아 공동의 목표를 함께 추구해 나가자는 데 그 뜻이 있습니다. 따라서 협동조합 관계자들은 협의회를 중심으로 공동 선언문의 정신을 살려 나가는 데 모든 역량을 기울여야 할 것입니다.

017 농협 심벌의 의미

> **핵심 내용** 쌀이 가득히 찬 항아리를 형상화한 농협 마크와 캐릭터인 아리, 토끼 마스코트 등 농협 심벌은 우리 농협의 이미지를 나타내는 것으로 넓게 는 기업 문화를 상징하는 것이기도 하다.

우리와 아주 친숙한 농협 마크는 복주머니를 연상케 합니다. 그런데 농협 마크는 쌀이 가득히 찬 항아리를 형상화한 것으로 농촌이 잘살 게 되기를 바라는 염원을 담은 것이라고 합니다. 물론 복주머니를 연 상하다고 해서 잘못된 것은 아닙니다.

농협 마크의 'V' 자 꼴은 '농' 자의 'ㄴ'을 변형한 것으로 새싹과 벼를 의미하며, 농협의 무한한 발전을 상징하는 것입니다. 'V' 자 꼴 을 제외한 아랫부분의 둥근 모양은 '업' 자의 'ㅇ'을 변형한 것으로 원만함과 돈을 의미하며 협동과 단결을 상징합니다. 또한 마크 자체 는 '협' 자의 'ㅎ'을 변형한 것입니다. 그리고 전체적으로 'ㄴ'+'ㅎ' 은 농협을 나타내고 있습니다.

밀알같이 생긴 캐릭터 '아리'는 지난 2000년 농협·축협·인삼협 이 통합 농협으로 새롭게 출발하면서 미래지향적인 기업 이미지를 나타내고자 만든 것입니다. 이름을 아리라고 지은 것은 농업의 근원인 씨앗을 모티브로 해서 쌀알·밀알·콩알에서의 '알' 을 따와 '아리' 라는 친근한 이름을 붙인 것입니다.

농협의 마스코트로 토끼가 선정된 것은 토끼라는 동물이 온순하고 귀염성이 있는 동물이란 점에 착안, 항상 고객으로부터 사랑받고 있고 앞으로 더욱 사랑받겠다는 의미라고 합니다. 또한 토끼는 새끼를 많이 낳는 강한 번식력이 있어 지속적으로 발전하는 농협을 상징하는 의미도 있습니다.

최근에는 농협 앞에 NH를 붙여 NH농협으로 부르고 있는데 이것은 국제화 시대에 세계로 뻗어가는 농협의 이미지를 구축하기 위한 것입니다. NH의 N과 H는 농협(NongHyup)의 영문 약자입니다만, 이를 확대 해석하면 자연(Nature)과 인간(Human)을 존중하는 의미도 있다고 하겠습니다.

일반적으로 사람들은 상품 구입에서부터 직장 선택에 이르기까지 기업의 이미지에 따라 선택하고 판단을 내리는 경우가 많습니다. 이 때문에 각 기업에서도 명칭에서부터 종업원의 복장에 이르기까지 통일된 이미지를 주는 활동과 전략을 수립합니다. 이를 CI(Corporate Identity)라고 합니다. 농협 마크와 캐릭터인 아리, 마스코트인 토끼 등도 기업문화의 활성화 측면에서 이루어지는 CI 작업의 한 부분이라고 할 수 있습니다.

이러한 CI를 통해 농협 하면 협동이 떠오르고, 농협은 농민을 위해 봉사하는 조직으로서 지속적으로 발전해 나간다는 기업 이미지를 사회에 심어주는 것입니다.

018 농협 보험과 일반 보험의 차이

Speech 100

> **핵심 내용** 농협 보험과 일반 보험은 가입 후 사고 발생시 약정된 경제적 급부를 지급한다는 점에서는 비슷하다. 그러나 농협 보험은 상부상조 정신에 바탕을 둔 비영리사업이며, 일반 보험은 이윤 추구를 목적으로 하는 영리사업이라는 데 근본적인 차이가 있다.

농협 보험은 우연한 사고가 발생한 경우에 재산상의 자금수요를 충족시킬 수 있도록 다수의 농협 조합원들이 미리 일정한 부담금을 갹출하여 공동으로 준비재산을 조성하고, 사고가 발생했을 때 경제적 급부를 제공하는 협동조합 보험제도라고 할 수 있습니다.

농협 보험을 이전에는 공제(共濟)라고 했는데, 공제의 의미는 함께(共) 건넌다(濟)는 뜻으로 '어려운 고비를 함께 건넌다' '어려움을 함께 구제한다'는 의미를 함축하고 있습니다. 공제의 가장 큰 특징은 상부상조의 정신을 보험에 접목한 것이라고 할 수 있습니다.

상부상조를 통한 구제제도는 우리 역사 속에서 그 맥락을 찾아볼 수 있습니다. 신라와 고려 시대에는 보(寶)가 있었고, 조선 시대에는 상호친목과 관혼상제의 부담을 덜어주기 위한 각종 계(契)가 성행했습니다. 자치적인 규범이었던 향약에도 이웃의 재난을 구제하는 내용이 있습니다. 이러한 상호구제 제도가 현대적으로 발전한 것이 공제입니다. 농협 공제는 '일인은 만인을 위하여, 만인은 일인을 위하여'라는 협동조합 정신을 바탕으로 고객들의 각종 재난을 극복하고 안정된 경제생활을 도와주기 위한 협동조합 보험인 것입니다.

일반 보험은 영리를 목적으로 설립된 회사가 운용하고 판매하는 것으로, 우연한 사고로 인해 일시적 목돈이 필요한 경우에 대비하기 위해 많은 사람들이 일정한 보험료를 적립해 두었다가 사고를 당한 사람에게 보험금을 지급하는 제도입니다. 따라서 농협 보험과 일반 보험은 외형적으로 보면 비슷한 것 같으나, 농협 보험이 상부상조의 비영리사업인 반면 일반 보험은 영리를 목적으로 하는 사업이라는 점에서 근본적인 차이가 있습니다. 이 같은 차이가 있기 때문에 농협 보험은 계약자의 보험료(공제료) 부담이 상대적으로 적고, 일반 보험에 비해 고율의 배당과 복지환원사업이 가능합니다.

최근 농협이 공제라는 말 대신에 보험이란 용어를 쓰고 있는 것은 보험시장이 확대되고 경쟁이 치열해지면서 일반 보험과 경쟁을 하기 위한 전략적인 노력의 일환입니다. 그렇지만 명칭만 보험이라는 말을 쓸 뿐 공제가 갖고 있는 본질까지 달라지는 것은 아닙니다.

농협의 보험료(공제료)가 일반 보험에 비해 저렴한 것은 비영리라는 특성 외에도 전국의 점포망을 갖고 있는 농협의 영업조직을 이용해 사업비가 적게 들기 때문입니다.

또한 농협 보험은 이익의 상당 부분을 환원하고 있어 계약자를 위한 무료검진, 농촌 의료지원, 고율의 배당, 공제 수련원 운영 등 민영 보험과 차원이 다른 다양한 복지 환원사업을 하고 있습니다.

019 상생의 개념과 상생운동

Speech 100

> **핵심 내용** 상생(相生)은 서로에 득(得)을 주며 공존공영(共存共榮)한다는 상리공생(相利共生)의 뜻으로, 농협이 전개하고 있는 상생운동은 자연과 상생, 소비자와 상생, 지역사회와 상생을 지향하고 있다.

상생(相生)이란 서로 모두가 이익을 얻는다는 생태학적 개념의 상리공생(相利共生)을 말하는 것으로서 서로에게 이득을 주며 공존공영함을 의미합니다. 영어로는 'living together' 또는 'mutualism'으로 표현하며, 'win-win 전략'도 상생과 같은 의미로 사용되고 있습니다.

농협도 이와 같은 상생의 개념을 도입한 '상생운동'을 전개하고 있습니다. 이는 상생이 협동조합 이념인 인류의 공존공영(共存共榮)과도 합치될 뿐만 아니라, 환경변화에 대한 능동적 대응과 농업과 농촌의 중요성에 대한 국민적 공감대 형성 그리고 환경문제와 인간성 황폐화 등 경쟁 제일주의의 폐해의 시정을 위해 농협이 당연히 수용해야 할 새로운 패러다임이기 때문입니다.

농협이 추구하는 '상생운동'은 세 가지 차원으로 전개되고 있는데, '자연과 상생' '소비자와 상생' '지역사회와 상생'이 바로 그것입니다. '자연과 상생' 이란 환경친화적 농업을 실천함으로써 사람이 자연을 훼손하고 자연이 사람에게 해를 입히는 악순환을 단절하자는 것입니다. 자연이 가진 생산력을 보전하여야만 사람과 자연 모두가 이익을 얻을 수 있기 때문입니다. 충남 홍성 농협에서 친환경농업 시범마을을 조성하고 57농가의 논에 오리농법을 실시하고 있는 것은 자연과의 상생운동을 실천하는 농협의 모습을 보여 주는 한 가지 사례라 할 수 있습니다.

'소비자와 상생' 이란 농민은 안전 농산물을 안정적으로 생산·공급하고, 소비자는 농민이 생산한 농산물을 적정가격에 구입함으로써 농민과 소비자가 함께 사는 토대를 마련하자는 의미입니다. 강원도 홍천 남면농협이 서울 중랑구 관내 남촌공원에서 매주 수요일 도심 속의 '시골 정기 장터' 를 운영하고 있는 것도 바로 이러한 소비자와의 상생을 실천하는 좋은 예라 할 수 있습니다.

마지막으로 '지역사회와 상생' 이란 농협이 지역사회의 구성원인 농민에 의해 조직된 생산자단체이기 때문에 그 지역사회의 지방자치단체·민간단체·기업체 등과 협력하고 제휴함으로써 농업인의 삶의 질을 높이고 지역사회 발전을 도모해야 한다는 의미입니다. 이는 협동조합이 지역사회의 지속가능한 발전을 위해 노력해야 한다는 협동조합 원칙을 실천하는 방법이기도 합니다. 농협 인천 간석지점이 그 지역의 새마을 부녀회 및 바르게살기위원회와 협력하여 조직한 '두레 봉사단' 을 통해 지역사회에서 펼치고 있는 봉사활동 등이 '지역사회와 상생' 의 좋은 예라고 할 수 있습니다.

020 협동조합법의 변천

Speech 100

> **핵심 내용** 우리나라의 협동조합법은 몇 차례 개정이 되었지만 오늘날의 협동조합 원칙이나 시대적 조류를 제대로 반영하고 있다고 하기 어렵다. 따라서 세계 협동조합의 흐름에 맞춘 통일적이고 공통된 협동조합법 입법을 위한 연구가 필요하다.

협동조합은 경제적으로 약자인 농민이나 중소 상공업자, 일반 소비자들이 상부상조(相扶相助)의 정신으로 물자 등의 구매·생산·판매·소비 등의 일부 또는 전부를 협동으로 영위하는 조직입니다.

협동조합의 주목적은 대기업의 경제적 압박이나 중간상인의 폭리를 배제하여 상대적 약자인 조합원의 경제적·사회적·문화적 지위의 향상을 도모하는 데 있습니다.

우리나라에서 협동조합법이 제정·시행된 지 반세기가 흘렀습니다. 그동안 우리나라의 협동조합 제도에도 많은 변화가 있었지만 각국의 협동조합들 역시 새로운 경제 질서에 적응하기 위한 노력을 지속해 왔습니다.

과거 로치데일 원칙을 중심으로 제정되었던 ICA 7대 원칙은 1937년의 ICA 협동조합원칙으로 수정되고, 또 다시 1966년에 대폭 수정

되었습니다. 그후 1995년의 ICA 총회에서는 '협동조합의 본질에 관한 ICA 선언'과 함께 새로운 ICA 원칙을 채택하였습니다. 이와 같이 협동조합운동의 정신적 지주를 이루고 있는 ICA 원칙도 시대의 흐름에 따라서 바뀌고 있는 것입니다. 주요 선진국을 비롯하여 대부분의 나라에서는 ICA의 협동조합 원칙의 수정과 개정 취지에 따라서 협동조합법을 대폭 정비하거나 새로운 협동조합법을 제정해 왔습니다.

또한 세계의 많은 협동조합에서는 각국의 정치·경제·사회의 변화와 시대의 흐름에 따라 협동조합의 생존을 위해서 자본의 논리를 일부 도입하기도 했습니다. 이러한 가운데 제29차 ICA 대회, 제31차 ICA 대회 및 제33차 ICA 대회에서는 협동조합의 이념과 가치·정체성·사회적 기여 등 협동조합의 본질에 관한 논의가 계속하여 의제로 떠올랐습니다. 이는 협동조합의 이념과 가치가 훼손되는 데에 대한 경종을 울리는 것이기도 하지만, 다른 한편으로는 그 본질을 훼손하지 않는 범위 내에서 생존을 위한 변화를 받아들여야 함을 간접적으로 인정하는 것이라고도 할 수 있습니다.

우리나라가 협동조합법을 제정할 당시에는 1937년의 ICA 원칙이 적용되던 때였습니다. 그 후 우리나라도 협동조합법을 몇 차례 개정했지만 오늘날의 ICA의 협동조합 원칙이나 시대적 조류를 제대로 반영하고 있다고 하기 어렵습니다. 또한 업종별로 협동조합법이 입법이 되어 있는 상황에서 개별법에 대한 손질만으로는 시대 조류를 감안한 통일적인 협동조합 정책과 입법을 기대하기 어렵습니다. 따라서 세계 협동조합 운동의 흐름에 맞춘 통일적이고 공통된 협동조합법의 입법을 위한 연구가 선행되어야 할 것입니다.

021 일본 농협의 조직구조

··································· **Speech 100**

> **핵심 내용** 일본의 회원농협은 종합농협 중심으로 이루어져 있고 중앙회는 사업별 연합회로 분리되어 있다. 또한 일본의 농협은 2단계 조직을 갖고 있는 우리 농협과 달리 3단계 조직이라는 특징이 있다.

일본 농협은 설립 당시 독일 라이파이젠 협동조합을 모델로 한 산업조합을 계승하면서 다양한 이해관계를 포용하는 방향으로 설립되었습니다. 회원농협은 종합농협과 전문농협으로 이루어져 있습니다. 중앙회는 연합회 형태의 전국농협중앙회(全中), 전국농협연합회(全農), 농림중앙금고(農林中金), 전국공제연합회(全共聯)가 있습니다. 전중(全中)은 지도사업·교육지원·국제협력·홍보·조사연구를 담당하는 연합체로 회원농협의 분담금과 타 중앙회의 교부금으로 운영합니다.

전농(全農)은 경제사업 연합체로 농산물의 판매는 물론 각종 농자재, 유류, 사료의 생산·판매 등을 취급하며 수수료를 수입원으로 운영합니다.

농림중금(農林中金)은 신용사업의 연합체로 회원농협의 자금을 운영하는 곳입니다. 농림중금은 우리 농협중앙회와 달리 소매금융은 취급하지 않고 있습니다.

전국공제연합회(全共聯)는 공제사업을 하는 연합체입니다.

일본 농협은 우리 농협이 2단계 조직인 것과 달리 회원농협과 중앙회의 중간단계로 전중은 도도부현(都道府縣)중앙회, 전농과 전공련은 경제연합회(經濟聯), 농림중금은 신용연합회(信聯)가 있어 3단계 조직으로 이뤄져 있습니다.

일본 농협의 협동회사 설립은 1948년 기존의 농업회 해산과 함께 농협이 승계한 농촌공장의 경영부실을 해소하기 위한 방편으로 자회사를 설립한 것이 계기가 되었습니다. 1970년대에는 유통업체의 농촌침투에 대응하여 생활물자 부문의 자회사가 설립되었습니다. 1988년 이후에는 회원농협을 중심으로 광역합병의 진전과 함께 합병 후의 사업 및 조직재편의 일환으로 많은 자회사가 설립됐습니다. 1994년엔 농업생산법인에 대한 농협의 출자가 가능해짐에 따라 농작업수탁회사 설립이 주류를 이루고 있습니다.

일본 회원농협의 특징은 우리와 같은 종합농협 중심 체제라는 점입니다. 또한 일본 농협도 한국 농협과 마찬가지로 농촌경제를 회생시킬 목적으로 정부의 정책사업을 대행하고 있고, 농촌지역을 기반으로 한 지역농협의 위상 강화에 노력하고 있다는 것입니다.

일본 농협은 지속적인 대규모 합병을 통해 지난 2007년 836개 조합에서 지금은 750개 정도로 줄었습니다. 일본 농협의 합병 목표는 당초 1,000개 조합 정도였다고 합니다.

022 대만 농협의 특수성

Speech 100

> **핵심 내용** 대만 농협(농회)의 경우 전국 단위의 중앙회나 연합회가 없다는 특징이 있다. 이로 인해 신용사업이 큰 위기를 맞고 있기는 하나 농업 생산 지원은 물론 농산물 판매·생활지도 등 다양한 서비스를 통해 대만 사회로부터 농회의 역할과 기여도에 대해 주목을 받고 있다.

한국·일본·대만의 농업 구조를 보면 서로 비슷한 점이 많습니다. 반면 농협의 체제와 구조는 다른 점이 많습니다. 특히 대만 농협의 계통조직은 이해하기에 다소 복잡합니다. 이는 대만의 국가 성격 때문이라고 할 수 있습니다. 대만은 자국을 중화민국으로 칭하고 있고, 영토로서의 대만은 중국 대륙을 포함한 중화민국의 일개 성으로 인식하고 있기 때문입니다. 대만의 농협 조직 역시 이 같은 국가 인식의 기조 위에서 구성돼 있습니다.

대만의 농협을 대표하는 곳으로는 타이완성 농회가 있지만 전국의 농회를 총괄하지는 못하고 있습니다. 타이베이시 농회와 가오슝시 농회가 별도로 독립돼 있어 각자의 업무 구역을 달리하고 있는 것입니다. 이는 우리나라의 농협중앙회나 일본의 전농과 같은 전국 단위의 중앙회 내지 연합회의 기능을 하는 곳이 없다는 뜻입니다.

대만의 농협 조직은 기층농회(지역농협)와 현농회(시군농협) 그리고 타이완성 농회·타이베이시 농회·가오슝시 농회(연합회)의 3단계 조직 형태를 취하고 있지만 한국이나 일본에 비해 그 결속력이나 조직력이 다소 떨어지고 있습니다.

신용사업의 경우 농회가 아닌 중앙농업금융기구 역할을 하는 3개 농업 관련 은행이 맡고 있습니다. 대만에서 기층농회 신용부(지역농협의 신용사업 부문)를 총괄하는 3개 농업 관련 은행은 중국 농민은행·대만 토지은행·대만 합작금고은행입니다. 그러나 이들 은행은 민영화되거나 민영화를 추진하고 있어 그 본연의 역할을 전혀 해내지 못하고 있다고 합니다. 따라서 대만의 농업금융 체계는 회원농협의 신용사업을 지원하고 지도하는 중앙조직이 없이 각 기층농회가 독자적으로 신용사업을 운영해 오다 새로운 금융환경 변화에 적응하지 못해 존립마저 위협받는 위기를 맞기도 했습니다. 일부 농회의 신용부는 예금자보호기금과 같은 제도를 통해 금융지원을 받으면서 일반은행에 합병되기도 했습니다.

그러나 대만농회는 농업 생산지원은 물론 농산물 판매·생활지도 등 다양한 서비스를 통해 대만 사회로부터 농회의 역할과 기여도에 대해 주목을 받고 있습니다. 특히 최근 들어서는 중국과의 적극적인 경제교류에 힘입어 대만 농회가 중국의 농촌개발을 위한 모델이 되고 있습니다. 중국의 경우 서구의 기업형 농협은 도움이 되지 않고, 대만 농회의 경험이 좋은 본보기가 된다고 보고 있는 것입니다.

023 미국의 신세대 협동조합

.... **Speech 100**

핵심 내용 미국의 신세대 협동조합은 산물출하를 주로 하는 기존의 지방
판매농협과는 달리 포장·가공 등의 새로운 부가가치 창출을 통해 조합원의
실익을 증대하고자 하는 새로운 형태의 협동조합 운동이다.

미국의 신세대 협동조합은 1990년대 초 미국 노스다코타와 미네소타
지역에 가공사업을 중심으로 50여개 농협이 새롭게 등장하면서 시작
됐습니다. 신세대 협동조합은 산물출하를 주로 하는 기존의 지방 판
매농협과는 달리 포장·가공 등의 새로운 부가가치 창출을 통해 조합
원의 실익을 증대하고자 하는 새로운 형태의 협동조합 운동입니다.

신세대 협동조합의 특징은 출하권 제도의 도입입니다. 신세대 협
동조합은 조합을 결성할 때 높은 자기자본을 확보하고 있는데, 이는
출하권 발행을 통하여 출자금을 모집하고 있기 때문입니다. 출자금
에 따라 농가가 출하할 수 있는 물량이 정해지고, 출자를 하지 않은
농가는 조합 사업을 이용할 수 없습니다. 출하권의 도입으로 신세대
협동조합은 전통적인 협동조합보다 조합원으로부터 충분한 자기자
본을 조달하여 경영안정을 추구하고 있는 것입니다.

또한 출하권은 협동조합과 조합원 간에 엄격한 계약관계를 형성해 주는 역할을 하고 있습니다. 주식과 출하권을 연계시켜 조합원은 구입한 주식 수에 비례하여 조합에 출하할 권리와 의무를 부여받고 있는 것입니다.

신세대 협동조합에서는 조합과 조합원 간에 판매협약을 체결하는데 여기에는 출하의무 이외에도 농산물의 품질조건, 대금결제와 비용계산, 제재수단 등 다양한 권리와 의무 조항이 들어 있습니다. 만일 조합원이 출하를 이행하지 못하면 조합은 그 물량을 다른 곳에서 조달하고 이에 대한 비용을 그 조합원에게 부담시킨다고 합니다.

신세대 협동조합의 운영상 특징은 자본독점을 방지하기 위해 1인의 주식보유 한도를 설정하고 있고, 민주적 관리를 위해 1인 1표주의를 채택하여 선거를 통해 이사회를 구성하는 등 전통적인 협동조합 원칙을 고수하고 있다는 점입니다.

또한 신세대 협동조합은 출하권의 도입으로 조합원의 출자비율과 사업이용 비율을 일치시키고 있어 출자 배당과 이용고 배당 간의 갈등문제를 해결하고 있는 것도 눈여겨볼 대목입니다. 신세대 협동조합의 운영원칙은 이 이외에도 몇 가지 장점이 있는데 조합원의 농산물 생산에 대한 정보를 잘 전달하여 주는 것은 물론, 조합원의 경영성과 평가를 용이하게 해주고 있습니다. 특히 출하권 거래허용에 따른 가격변동은 직접적으로 협동조합의 경영성과에 대한 외부적 평가를 반영하는 것으로, 개별 조합원이 복잡한 재무 분석을 하지 않고도 경영성과를 평가할 수 있습니다.

024 유럽 농협 환경변화가 주는 교훈

.... **Speech 100**

> **핵심 내용** 유럽 농협은 품목별 전문농협이 특징이다. 유럽 농협이 당면하고 있는 사업 환경의 변화에는 농업정책의 변화, 기술개발의 진전, 식품소비 패턴의 변화, 농식품 산업의 변화, 기업 혁신, 협동조합에 대한 사회적 요구의 증대 등이 있다.

유럽 농협이 겪고 있는 환경변화는 우리에게도 많은 시사점을 던져주고 있습니다.

특히 협동조합에 대한 사회적 요구가 커지고 있는 것은 우리 농협도 당면한 문제 중의 하나가 되고 있습니다. 협동조합이 조합원은 물론 사회의 기대에 부응하지 못한다면 존립해야 하는 정당성을 확보하기 어렵기 때문입니다. 이를 위해서는 조합원에 대한 새롭고 다양한 서비스를 지속적으로 제공하는 한편 공익사업을 통한 사회공헌에 더욱 힘을 기울여야 합니다. 그래야만 협동조합에 대해 사회적으로 긍정적 평가를 받을 수 있고, 협동조합 운동을 확산시켜 나가는 동력을 얻을 수 있습니다.

우리 농협과 같이 전국적인 조직망과 자금력을 바탕으로 커다란 경제·사회적 영향력을 갖고 있는 경우에는 더욱 사회적 요구 충족에 많은 관심을 기울여야 합니다. 아울러 농협에 비판적 입장을 가진 사람이 있다면 맞서기보다는 진실을 알려 주어야 하고, 그들의 비난에 어느 정도 진실이 있다면 이를 겸허하게 수용하고 나아가서는 사업관행이나 조직 및 재정구조, 운영체계 등을 개선하는 노력을 기울이는 것이 옳습니다.

유럽의 유통사업의 변화로는 가공사업 확대, 시장지향성 증대, 지역시장 확보, 혁신적인 브랜드 전략과 새로운 제품개발이 있습니다.

가공사업 확대를 위해 유럽의 농협은 수직 통합전략을 활발하게 추진하고 있습니다. 그러나 아직도 가공하지 않거나 단순가공 상태의 농산물을 판매하는 농협의 비중도 큽니다.

시장지향성 증대의 사례로는 벨기에의 낙농협동조합 세인트마리가 이탈리아 시장을 겨냥하여 이탈리아식 조리법에 맞는 치즈를 생산하고 있는 것을 들 수 있습니다.

지역시장 확보는 지역의 소비자 기호와 입맛에 맞는 향토 농산물에 초점을 두고 있기 때문에 대형 유통업체와의 경쟁이 덜한 편입니다. 이러한 전략은 독일·네덜란드·스웨덴·프랑스 등에서 채택하고 있습니다.

혁신적인 브랜드 전략과 제품개발은 가공사업을 하고 있는 협동조합에서는 필수적인 것으로 인식되고 있습니다. 특히 대형 유통업체의 자체상표(PB 브랜드)에 대항할 수 있는 협동조합 자체 상표 개발에 적극 나서고 있습니다. 연합회 차원의 브랜드 개발 사례로는 아일랜드 낙농연합회의 '케리골드', 스페인 와인협동조합의 '바코와 비넥스컬', 프랑스의 '요플레'를 들 수 있습니다.

025 올바른 주인으로서의 조합원

.... **Speech 100**

> **핵심 내용** 올바른 주인의 모습은 자기 집에 불이 났을 때 피해를 최소화하려는 모습, 자기 집을 흥하게 하려고 애쓰는 모습에서 찾을 수 있다. 이런 모습을 가진 사람이 올바른 주인 된 조합원이다.

협동조합에 있어서 조합원이란 어떤 사람일까요? 조합원이라면 가끔 조합에 나와 "내가 이 조합의 주인이야"라고 말씀하신 적이 있을 겁니다. 맞습니다. 조합원은 분명 조합의 주인입니다. 그래서 조합은 주인이 없으면 당연히 존재할 수가 없습니다. 그러나 어떤 집이건 주인만 있다고 해서 집안이 잘되는 것은 아닙니다. 주인이 제 역할을 다할 때 비로소 그 집안이 흥하고 잘되는 것처럼, 우리 조합도 주인다운 조합원이 보다 많아질 때 바로 서고 더 좋은 모습으로 변화되어 갈 것입니다. 그렇다면 주인다운 조합원이란 어떤 사람일까요?

어느 날 마을 한가운데의 한 집에서 불이 났다고 생각해 봅시다. 거기에는 그 집 주인과 그 집에 찾아왔던 손님 그리고 마을의 다른 주민들이 있었는데 이들은 각각 어떤 행동을 하게 되겠습니까? 그 집 주인이 진정한 주인이라면 아마도 재산과 인명의 피해를 최소화하기 위해 갖은 노력을 다할 것입니다. 손님은 먼저 자기 몸을 피하려 할 것이며, 마을 주민들은 방관자적인 입장에서 그 불이 자기 집에 옮겨 붙지 않나 하는 걱정을 하게 될 것입니다.

우리는 과연 그동안 조합에서 이와 같은 주인과 손님 그리고 마을 주민 중 어떤 사람과 같은 모습이었을까요. 진정한 주인과 같은 모습이었는지, 아니면 집안 문제를 남의 손에 맡기고 방관자처럼 팔짱만 끼고 구경해 온 것은 아니었는지 한 번쯤 생각해 보아야 할 것입니다. 물론 때로는 조합과 조합 임직원이 여러분들의 기대나 요구를 충족시키지 못할 때도 있지만, 그렇더라도 정말로 주인 된 조합원이라면 조합에 무관심하거나 외면하고 등을 돌려서는 안 될 것입니다.

아마도 정상적인 주인이라면 불만족스러운 원인을 찾아내어 그것을 고치고 바꾸어 보다 많은 사람들이 그 조합을 찾도록 갖은 애를 쓸 것입니다. 주인 된 우리가 외면하고 등을 돌린 조합이 어떻게 발전해 나가겠습니까? 조합이 고치고 보완해야 할 점이 있으면 그 내용을 건의하거나 의견을 제시해서 반영되도록 하는 것이 바로 주인 된 조합원이 해야 할 일인 것입니다.

물론 조합이나 조합 임직원은 조합원을 위해 필요한 일을 먼저 찾아 해결해 주어야 하지만, 조합원이 올바른 주인 역할을 함께 해줄 때 조합은 더욱 협동조합다운 협동조합으로 발전해 나갈 수 있으며, 그 속에서 주인 된 조합원은 보다 많은 권리와 혜택을 누릴 수 있게 될 것입니다.

2

Speech 100

주제별 스피치

2장_ 농업은 생명산업

026 동서고금의 농업관

> **핵심 내용** 지구상에서 선진국 대접을 받는 나라 중 식량을 자급하지 못하는 나라는 일본뿐이다. 농업생산의 유지는 국가 발전의 근본이며 선진국으로 진입하기 위한 필수 요건이다.

"경제성장을 위해 농업의 희생은 불가피하다"라는 이야기를 자주 듣게 됩니다. 자동차·반도체 같은 주력 수출품 시장의 확대를 위해 국내 농축산물 시장을 개방할 수밖에 없다는 주장 역시 보편화되어 있고, 정부의 농업보호 의지는 날이 갈수록 약화되고 있는 것이 현실입니다. 그러나 이 같은 논리는 눈앞의 이익에만 집착한 단견임을 역사는 증명하고 있습니다.

노벨 경제학상을 수상한 쿠즈네츠 교수는 "나라를 다스림에 있어서 농업의 가치와 의미·목적에 대한 확고한 인식 없이는 국가의 지속적인 발전도 기대할 수 없다"며 "농업 발전 없이 선진국이 되는 것은 불가능하다"고 갈파했습니다.

산업혁명으로 선진공업국이 된 영국의 경우, 식량은 수입하고 공산품을 수출하는 것이 국민경제에도 도움이 된다고 판단해 농업을 포기했습니다. 그 결과 밀의 자급률이 19%로 떨어진 상황에서 제1차 세계대전이 일어났습니다. 독일은 해상을 봉쇄했고, 영국 국민은 식량 부족으로 극심한 고통을 겪었습니다. 이를 계기로 영국은 농업의 중요성을 깨닫고 농업투자를 확대해 1980년대에는 만성적인 식량 수입국에서 수출국으로 탈바꿈했습니다.

지구상에서 선진국으로 대접받는 나라 중에 식량을 자급하지 못하는 나라는 일본뿐입니다. 미국과 유럽연합(EU) 같은 선진국들이 자국의 농민들에게는 막대한 농업보조금을 주고 바깥으로는 농산물 수출시장을 확대하려는 이유도 농업생산 기반의 유지가 국가 발전의 근본임을 잘 알고 있기 때문입니다.

동서고금의 농업관

- "식(食), 병(兵), 신(信) 셋 중에서 백성을 배불리 먹이는 식량(食)이 군사력(兵)보다 중요하다." _공자
- "모든 것을 미룰 수는 있어도 농업만큼은 절대 미룰 수 없는 것이다." _네루
- "살아가는 데 있어 제일 중요한 것이 식량이다. 식량을 충분히 확보하려면 농민의 권리를 보장하여 농민 스스로 식량을 증산할 수 있도록 해야 한다." _손문
- "국가는 백성을 근본으로 삼고 백성은 식량을 하늘로 삼는다." _세종대왕
- "농사는 천하의 대본이라는 말은 결단코 묵은 문자가 아니다. 이것은 억만년을 가고 또 가도 변할 수 없는 진리이다." _윤봉길
- "후진국이 공업 발전을 통해 중진국까지 도약할 수 있으나 농업 발전 없이 선진국이 되는 것은 불가능하다." _쿠즈네츠
- "농업은 뿌리이고, 공업은 줄기이며, 상업은 잎이다." _미라보
- "농업을 장려하는 것이 이 나라의 살길이며, 이를 위해 선비보다 못한 신분상의 지위, 상인보다 낮은 이윤, 장인보다 힘든 노동을 개선해야 한다." _정약용

027 농업의 다원적 기능

.... **Speech 100**

> **핵심 내용** 농업은 인간이 생존하는 데 필수적인 식량을 생산하는 기본적인 역할과 함께 홍수조절·대기 및 수질 정화·토양 침식 방지·기후순화 등의 환경을 보전하는 다양한 기능을 갖고 있다. 이를 경제가치로 환산하면 67조6,632억원에 달한다.

과거 농업은 식량을 생산하는 하나의 산업으로만 인식되었습니다. 그러나 최근 들어서는 농업의 가치를 더 넓게 해석하는 연구가 진행되고 있습니다. 우루과이라운드(UR)협상에서도 농업의 다원적 기능을 인정해 각국은 농업 보호의 당위성을 확보하게 됐습니다.

우리나라의 연간 농업생산액은 쌀 8조원을 포함해 35조원 정도가 됩니다. 그러나 농업이 유지됨으로써 얻는 경제적 가치를 농촌진흥청은 농업생산액의 배에 가까운 67조6,632억원(논 56조3,994억원, 밭 11조2,638억원)으로 분석하고 있습니다.

해마다 겪는 자연재해 중 가장 큰 것이 장마나 태풍, 호우로 인한 홍수피해입니다. 논과 밭은 일시적으로 비를 저수하여 홍수를 예방합니다. 특히 논은 논둑이 있어 홍수예방 능력이 큽니다. 홍수조절 효과는 논이 44조3,149억원, 밭 7조2,215억으로 평가됩니다.

땅은 자연스럽게 물을 저장할 수 있는 보고이며, 특히 논농사는 물을 가두어서 농사를 짓기 때문에 지하수와 하천수를 풍부하게 해 줍니다. 이에 따른 경제적 효과는 논 1조7,694억원, 밭 528억원에 달합니다.

농업은 수질정화 효과도 큽니다. 특히 논은 하천과 지하수의 오염물질을 양분으로 이용하면서 수질을 깨끗하게 정화합니다. 이를 환가하면 2,977억원입니다.

농업은 식물의 광합성 작용을 통해 대기 중의 이산화탄소를 흡수하고, 산소를 방출합니다. 이러한 대기정화 기능의 가치는 논이 7조1,845억원, 밭이 2조7,435억원에 달합니다.

논을 비롯한 농경지는 여름철 도시에서 발생하는 열을 흡수해 온도가 상승하는 것을 막아 줍니다. 이를 기후순화 효과라고 하는데 경제적 가치는 논 1조3,360억원, 밭 4,850억원입니다.

1㎝ 두께의 흙이 만들어지기 위해서는 약 200년이 걸린다고 합니다. 우리나라는 집중호우가 많고 논밭의 경사가 심해 토양 침식의 우려가 아주 높습니다. 그러나 논과 밭은 하천으로 쓸려갈 흙을 막아주는 토양침식 예방 효과가 있어 그나마 다행입니다. 이를 환가하면 논 1조5,069억원, 밭 7,610억원입니다.

농업은 유기성 폐기물을 분해하여 토양을 보전해주는 눈에 보이지 않는 중요한 역할을 하는 동시에 각종 조류와 야생동물의 먹이를 제공하고, 자연 생태계의 중요한 서식처 역할을 하고 있습니다. 이러한 기능들은 경제적으로 환가가 불가능한 무형의 가치입니다.

028 농심(農心)과 인간성 회복

Speech 100

> **핵심 내용** 농심(農心) 속에는 자연과 더불어 사는 지혜가 녹아 들어가 있다. 뿌린 대로 거두는 소박함 속에는 과욕과 탐욕을 경계하는 절제의 미덕이 함축돼 있다. 각자의 마음속에서 알게 모르게 사그러지고 있는 농심을 되살려야 피폐한 인성(人性)을 회복할 수 있다.

오늘날 우리 사회가 각박해지고 각종 범죄가 끊이질 않는 이유는 여러 갈래로 생각해 볼 수 있습니다. 한동안 많은 사람들이 이야기하던 한국병이라는 것도 마찬가지입니다. 도덕적 해이 등 인간성 상실을 원인으로 지목하기도 하는데, 좀 더 깊이 생각해 보면 우리 마음속에서 농심을 잃어버린 것이 근본 원인이 아닌가 싶습니다.

농촌을 우리 몸속의 장기에 비유한다면 간에 해당된다고 합니다. 손발이 아무리 건강하고 얼굴이 잘나고 똑똑해도, 간이 병들면 건강한 삶을 살 수가 없다는 것입니다. 도시가 아무리 발전하고 잘살아도 농촌이 병들고 피폐해지면 나라 전체가 불행해질 수밖에 없습니다.

미국을 지탱하는 국민정신은 개척자 정신과 실용주의입니다. 일본은 화혼양재(和魂洋才, 일본 정신 위에서 서양의 유용한 것을 받아들인다)를 내세우고 있습니다. 비슷한 뜻으로 우리나라에서는 동도서기(東道西器, 우리의 전통적인 제도와 사상은 지키면서 서양의 발달된 과학기술을 받아들인다)라는 말이 있었습니다. 1970년대에는 근면·자조·자립을 바탕으로 한 새마을 정신이 우리의 국민정신으로 자리매김하기도 했습니다. 그러나 이러한 것보다 앞서 우리에게는 농심(農心)이라는 아주 훌륭한 정신이 있다는 것을 잊어서는 안 됩니다.

농심은 자연의 법칙과 생명의 원리에 따라 인간의 모든 정성을 기울여 생명체를 가꾸어 가는 농민의 마음입니다. 우리 민족 본래의 본성이라고 할 수 있습니다. 농심은 '콩 심은 데 콩 나고, 팥 심은 데 팥 난다'는 소박하지만 합리적인 사고를 바탕으로 하고 있습니다. 농사는 수고하고 공들인 만큼 결실을 가져다줍니다. 허황된 한탕주의나 불로소득을 노리는 투기와는 거리가 먼 것이 농심입니다. 농민은 생명과 가치를 창조하는 생산자로서, 자연의 섭리에 순응하고, 자연과 한 몸이 되어 함께 호흡하는 사람입니다. 이런 농민의 가슴속 깊이 자리하고 있는 농심을 잃어버리고 살다 보면 사회는 혼란해지고, 인성은 피폐해질 수밖에 없습니다.

농심 속에는 자연과 더불어 사는 지혜가 녹아 들어가 있습니다. 뿌린 대로 거두는 소박한 속에는 과욕과 탐욕을 경계하는 절제의 미덕이 함축돼 있습니다. 각자의 마음속에서 알게 모르게 사그러지고 있는 농심의 불씨를 되살려야 피폐한 인성을 회복할 수 있습니다.

029 농촌은 마음의 고향

Speech 100

> **핵심 내용** 　자연의 섭리에 순응하면서 살아가는 농민의 삶의 터전인 농촌은 메마른 우리의 심성을 감싸 안고 어루만지며 순화시켜 주는 어머니의 품과 같은 곳이다. 농촌은 우리의 원초적 향수가 깃들어 있는 마음의 고향이며 진실한 터전이다.

"땅을 경작하는 사람만이 신의 축복을 받는다"는 말이 있습니다. 사람은 자연에서 태어나 자연 속에서 살다가 다시 자연으로 돌아갑니다. 흙은 모든 생명의 근원이자 모태입니다. 아무리 사회가 변화의 거센 소용돌이에 휘말려 있다고 해도 우리 인간의 순수하고 아름다운 심성은 자연에서 우러나옵니다. 자연은 터무니없는 욕심을 내지 않습니다. 그렇기 때문에 자연과 더불어 사는 사람은 자신의 본분에 자족하면서 스스로 마음의 여유를 가질 수 있습니다.

농업은 하늘이 우리에게 허락하는 만큼만 영위할 수 있는 생명산업입니다. 계절이 허락하지 않으면 어떤 작물도 꽃을 피울 수 없습니다. 인간의 지혜가 아무리 고도로 발달한다 하더라도 이러한 자연의 섭리를 거스를 수는 없는 일입니다.

하늘을 의지하고 사는 농민은 그 어떤 경우라도 자만하지 않고 천리에 순응하며 살아갑니다. 그저 묵묵하게 깨끗하고 아름다운 마음을 가꾸면서 하늘의 뜻을 받아들입니다. 그런 농민들이 사는 곳이 바로 농촌입니다.

산업화와 공업화가 세상을 지배하는 것 같지만, 인간 생활의 기초가 되는 농업의 뒷받침이 없는 한 그것은 한낱 사상누각에 지나지 않습니다. 과학이 발달하면 할수록 인간은 자연으로의 회귀를 더욱 절실히 요구하게 됩니다. 이런 귀소본능(歸巢本能)은 시간이 갈수록 더욱 강해지게 마련입니다. 따라서 사람이 돌아가야 할 최후의 보루는 땅이라고 할 수 있습니다. 최근 들어 도시의 각박함과 삭막함을 벗어나 농촌으로 돌아가려는 귀농·귀촌인들이 늘어나는 것은 어쩌면 자연스러운 현상입니다. 그동안 치열한 생존경쟁 속에서 잠시 잊고 지냈던 마음의 고향, 농촌을 찾아가는 도시민이 늘어나는 것은 이제 거스를 수 없는 하나의 대세가 되고 있습니다. 그동안 유명 관광지 중심이던 국내관광 수요가 농촌관광으로 급속하게 옮겨가고 있는 것도 이러한 추세를 반영하는 것이라고 할 수 있습니다. '돌아오는 농촌'은 이제 구호가 아니라 현실로 다가오고 있습니다.

농촌은 인간이 개발이라는 미명 하에 마구 파헤치고 훼손해버린 자연이 자연 그대로 남아 있는 마지막 보루입니다. 농촌의 맑고 깨끗하고 아름다운 경관과 조상의 얼이 배어 있는 전통과 풍습 등은 소중한 어메니티 자원으로서 그 가치를 재평가받고 있습니다.

농촌은 삭막해진 도시민의 메마른 심성까지 감싸 안고 어루만지며 순화시킬 수 있는 어머니의 품성을 지닌 곳입니다. 농촌은 우리의 원초적 향수가 깃들어 있는 마음의 고향이며 진실한 터전입니다.

030 농업문제와 비교우위론의 한계

> **핵심 내용**   리카도가 주장한 '비교우위론'이 탁월한 경제이론이라는 점은 부정할 수 없다. 그러나 자유무역을 통해 얻는 이익의 총량이 아무리 크다 해도 이 과정에서 어쩔 수 없이 피해를 보는 계층이나 산업에 대한 해답은 '비교우위론'만으로는 나오지 않는다.

'비교우위'에 입각한 자유무역이론을 생각해 낸 사람은 영국의 경제학자 리카도입니다. 당시 영국은 곡물 수입을 금지하고 있던 곡물법의 철폐를 놓고 30년 이상 치열한 논쟁을 벌였습니다. 논쟁 끝에 "모든 물건을 영국보다 싸게 생산하는 나라로부터 수입하고, 비싸게 생산하는 나라에 수출하면 서로 이익"이라는 리카도의 '비교우위론'이 힘을 얻자 영국은 곡물법을 철폐하고 곡물수입을 허용하게 됩니다. 곡물법 논쟁의 산물로 나온 리카도의 '비교우위론'은 지금까지 막강한 힘을 발휘하고 있는데, 이 무기를 가장 효과적으로 사용하는 나라가 미국입니다.

1·2차 세계대전 이후 세계 경제의 중심에 선 미국은 그 이전까지의 보호무역주의를 버리고 산업발전이 뒤진 나라의 시장을 공략하기 위해 각국이 무역자유화를 수용하도록 전방위적인 노력을 기울이고

있습니다. 우루과이라운드(UR)협상도 그렇고 지금 진행 중인 도하개발아젠다(DDA)협상도 그 배경은 무역자유화에 있습니다.

'비교우위론'은 한 시대를 풍미할 만한 탁월한 경제이론이기는 하지만 그 자체가 완벽한 이론은 아닙니다. 비교우위론의 허점에 대해 이렇게 설명을 하는 사람이 있습니다.

"만약 미국의 51개 주가 모두 독립된 국가여서 각 주 사이에 관세장벽이 있고 자본과 노동의 자유로운 이동을 막는다면 지금과 같은 풍요로움을 누리지 못할 것이다. 반대로 연방정부가 존재하지 않는 가운데 '비교우위'를 적용해 51개 주의 상품과 자본·노동이 자유롭게 이동한다면 반드시 지역간에 빈부격차가 발생하고 지역적 대립과 정치·사회적 갈등이 폭발할 것이다. 미국이 이런 것을 겪지 않는 것은 연방정부가 존재하기 때문이다. 리카도의 '자유무역 이론'은 세계의 모든 나라와 국민의 이익을 공정하게 보살펴 주는 세계정부가 있을 때 온전하게 효력을 발휘할 수 있다."

그러나 그러한 역할을 할 세계정부는 존재할 수도 없고 존재하지도 않습니다. 세계무역기구(WTO)가 그 역할을 할 수 없다는 것도 자명한 일입니다.

1970년대 이후 급속하게 진전되고 있는 개방화의 거센 물결 속에서 우리 농업이 어려움을 겪고 농촌이 활력을 잃고 있는 것은 '비교우위론'을 무비판적으로 받아들여 농업을 홀대해왔기 때문입니다. 공산품 수출 확대를 위해 농산물 시장도 개방해야 하는 당위성이 있다면, 그 과정에서 피해를 보는 농민들에게 정부가 보상을 해야 하는 것은 당연한 일이고, 그것이 정부가 할 일입니다.

031 신자유주의와 농업보호

························· **Speech 100**

> **핵심 내용**   신자유주의는 세계화와 구조조정이란 말로 구체화된다. 시장을 중시하는 신자유주의는 시장의 자연 발생적 질서에 의해 생겨난 불평등을 정당한 것으로 간주한다. 그래서 '강자의 논리' '가진 자의 논리'로 치부되기도 한다.

신자유주의란 19세기 아담 스미스·리카도의 고전적 자유주의가 1930년대 케인즈에 의해 밀려났다가 1980년대에 재등장했다는 의미로 사용되는 경제이론입니다. 신자유주의가 세계적으로 관심을 끌게 된 것은 1979년 대처 영국 수상과 레이건 미국 대통령이 경제정책으로 이를 채택하면서부터입니다.

신자유주의는 세계화와 구조조정이란 말로 구체화됩니다. 시장을 중시하는 신자유주의는 시장의 자연발생적 질서에 의해 생겨난 불평등을 정당한 것으로 간주합니다. 그래서 '강자의 논리' '가진 자의 논리'로 치부되기도 합니다. 또한 신자유주의는 고전적 자유주의가 안고 있던 '부익부 빈익빈'이라는 국내적 양극화 문제를 심화시켜 세계적인 문제로 확산시켰다는 비판을 받고 있습니다. 지난해 미국발 경제위기도 신자유주의가 불러온 것이란 분석도 있습니다.

신자유주의 신봉자들의 주된 논리의 핵심은 국가는 시장에 개입해서는 안 되고, 이를 무릅쓰고 시장에 개입하게 되면 시장이 왜곡돼 여러 가지 부작용이 나타난다고 보는 것입니다. 따라서 국가의 역할을 가능한 한 최소화하는 것이 바람직하다고 주장합니다. 다시 말해 시장이 모든 것을 결정하도록 해야 하고, 국가는 이를 존중해야 한다는 것입니다. 그 결과는 시장에서 경쟁력이 있는 것은 살고, 없는 것은 퇴출되는 것입니다. 그렇다면 시장의 적정한 가격에 대한 기준은 무엇인가 하는 의문이 남습니다. 신자유주의자들은 국제가격과 일치하는 것이 가장 이상적이라고 말합니다. 이러한 신자유주의적 논리에 따르면 정부의 농업보호를 위한 정책은 근본적으로 부정됩니다. 동시에 국제가격과 경쟁을 해 경쟁력이 취약한 품목은 퇴출되는 것은 당연한 일이 되고 맙니다.

　쌀을 예로 든다면 쌀 생산과 가격에 대해 정부가 간여나 지원을 하지 않는 것은 물론이고 국내 쌀값은 우리보다 훨씬 싼 미국이나 중국산 쌀값과 같아질 때까지 떨어져야 합니다. 그 가격에 생산이 불가능하면 국내 쌀은 생산을 하지 않는 것이 마땅하다고 보는 것입니다.

　반면 신자유주의를 비판하는 사람들은 농업을 시장에만 맡길 경우 필연적으로 실패한 수밖에 없다고 말합니다. 이른바 '시장의 실패'이고, 이를 극복하는 유일한 방법은 정부가 개입해 가격과 소득을 지지하는 것이라고 주장합니다.

　미국이 다른 나라의 농업보호 정책을 부정하면서도 유독 자국의 농업보호에 적극적인 것은 이율배반(二律背反)적이지만 깊이 생각해볼 일입니다.

032 식량권과 인권

Speech 100

> **핵심 내용**　장 지글러 식량권 담당 유엔 특별조사관은 2002년 제58차 유엔 인권위에 제출한 보고서에서 "식량권 보호는 인권 차원에서 지적재산권 보호보다 우선해야 한다"고 건의했다. 그는 세계적으로 기아로 인한 죽음이 방치되고 있는 현상을 '침묵의 대학살'이라고 표현하기도 했다.

세계적으로 굶주림으로 인해 고통받는 인구가 8억4,000만명에 달하고 매년 3,600만명, 한 시간에 4,000명이 넘는 사람이 영양실조로 죽어가고 있습니다. 반면 미국인들은 동물성 지방과 단백질의 과다섭취로 인한 심장혈관 질환으로 매년 수백만 명이 사망한다고 합니다. 기아와 포식이 공존하는 이 세상은 분명 정상이 아닙니다.

미국 등 농산물 수출국들은 식량의 교역자유화가 빈곤과 기아문제의 해법이라고 주장합니다. "세계 전체의 식량 공급량은 충분하다. 다만 국가간 교역이 자유롭지 못해 식량부족이 발생한다"며 대다수 식량수입국의 식량안보 논리를 부정합니다. 우루과이라운드(UR)협상에서 힘겹게 인정됐던 식량안보의 필요성조차도 세계무역기구(WTO)농업협상에서는 '협상의 고려사항' 정도로 퇴색한 것도 이 때문입니다.

그런 가운데 2002년 유엔 인권위원회에 식량권 보호의 필요성을 건의하는 보고서가 제출돼 관심을 모았습니다. 제58차 유엔 인권위에 장 지글러 식량권 담당 유엔 특별조사관이 제출한 보고서는 "세계무역기구의 뉴라운드 협상에서 일부 개도국들이 제안하고 있는 식량안보가 각별히 고려돼야 한다"며 "식량권 보호는 인권 차원에서 지적재산권 보호보다 우선해야 한다"고 지적했습니다.

이 보고서가 주는 의미는 식량 문제를 인권 차원에서 해석하고 있다는 점입니다. 보고서는 전 세계 인구가 충분히 먹고도 남을 식량이 생산되는 세상에서 기아로 인한 죽음이 방치되고 있는 현상을 '침묵의 대학살'로 표현하고 있습니다. 다국적 곡물메이저와 수출국의 이익만을 추구하는 식량의 교역자유화에 경종을 울린 것입니다.

식량 문제를 인권적 차원으로 접근하면 식량안보나 식량주권에 대한 해석의 폭도 넓어집니다. 인권은 누구도 침해할 수 없는 천부적인 것입니다. 마찬가지로 각국의 식량 확보 노력은 신성불가침의 권리로 논쟁의 대상에서 벗어나야 합니다.

농업생산 보호를 위한 보조금은 감축 대상이 아니라 장려해야 할 정책이 되고, 국가와 국민의 안위에 직결되는 주곡을 포함한 주요 품목에 대한 국경보호 역시 정당화될 수 있습니다. 경쟁력이 없으면 농업생산을 포기하고, 달러가 없으면 굶어 죽으라는 식량수출국의 교역자유화와 시장논리에 맞서 '식량은 인권'이라고 주장한 장 지글러의 보고서는 신선한 충격입니다.

033 식량안보와 식량주권

.... **Speech 100**

> **핵심 내용** "앞으로 식량 확보에 실패한 나라는 정부 존립기반이 위태롭게 될 것이다. 따라서 국가안보의 개념에서 식량안보가 군사안보보다 우위에 놓여야 한다."_미국 월드워치 연구소 레스터 브라운 소장

식량의 중요성을 이야기할 때 자주 등장하는 말이 식량안보와 식량주권입니다. 쉽게 말하면 식량안보는 어떤 상황에서도 식량을 안정적으로 확보할 수 있어야 한다는 것을 말합니다. 식량주권은 식량안보를 위한 각국의 농업정책은 다른 나라의 간섭을 받아서는 안 된다는 것입니다.

이 두 단어를 세계무역기구 농업협정 20조 c항은 다음과 같이 규정합니다. 식량안보(Food Security)는 '모든 사람이 건강한 삶을 위해 언제든지 충분한 식량에 접근하는 것', 식량주권(Food Sovereignty)은 '모든 나라가 자국의 식량정책을 독자적으로 결정할 권리'입니다.

지난 2002년 이탈리아 로마에서 개최된 세계식량정상회의는 식량안보에 대해 "모든 사람이 어느 때라도 활동적이고 건강한 삶을 위한 음식섭취의 수요와 기호에 맞도록 충분하고도 안전하며 영양가 있는 식량을 얻을 물리적·경제적 접근성이 존재하는 것"이라고 보다 구체적으로 정의했습니다. 따라서 식량안보가 확보되기 위해서는 자국민이 충분한 영양을 섭취할 수 있도록 국내생산 기반이 유지돼야 하고, 부족한 식량은 언제든지 수입해 올 수 있는 국제적 교역환경과 국가 경제력이 뒷받침돼야 합니다.

식량안보의 핵심은 각국이 필요한 식량정책을 다른 나라의 간섭을 받지 않고 자유롭게 결정할 수 있는 권리, 즉 식량주권의 보장에 있습니다. 그런데 우루과이라운드(UR)협상이나 도하개발아젠다(DDA) 농업협상은 교역자유화를 명분으로 식량주권을 제한하는 것이 협상의 목표입니다. 농업보조금을 제한하거나 관세 감축으로 생산기반을 위축시키는 것 등이 가장 대표적인 예라고 할 수 있습니다.

농협은 DDA농업협상에서 식량수입국의 식량주권을 확보하기 위해서는 다음의 3가지 조건이 반영돼야 한다고 주장하고 있습니다.

첫째, 유사시 수출국의 식량을 우선적으로 수입할 수 있는 '수입시장 최소접근' 권한의 반영과 각종 수출제한 조치의 철폐.

둘째, 수출 보조금을 받고 수출되는 농산물에 대해서는 보조금만큼 관세를 더 부과할 수 있는 수입국들의 권리 반영.

셋째, 식량 수입국의 주식(主食) 자급을 위한 국경보호 조치와 국내 보조금은 식량안보 차원에서 허용.

중국 정부는 국가식량안보 중장기 계획(2008~2020년)에서 식량안보 확보를 위한 6가지 임무로 △식량 생산력 제고 △비식량 자원 이용 △식량 방면의 국제협력 강화 △식량유통 시스템 완비 △식량비축 시스템 완비 △식량가공 시스템 완비를 제시했습니다.

034 신토불이와 지산지소

Speech 100

> **핵심 내용**   신토불이(身土不二)는 '우리 땅에서 난 농산물이 우리 체질에 좋다'는 의미로, 우리 농업과 농촌을 살리기 위해 수입 농산물의 이용을 억제하자는 호소도 함께 담고 있는 말이다.

신토불이(身土不二)는 지난 1989년 농협에서 '우리 농산물 애용' 운동을 벌이면서 처음 쓰기 시작했습니다. '우리 땅에서 난 농산물이 우리 체질에 좋다'는 의미로, 우리 농업과 농촌을 살리기 위해 수입 농산물의 이용을 억제하자는 호소도 함께 담고 있는 말입니다.

신토불이를 글자 그대로 해석하면 '몸과 흙은 둘이 아니다', 즉 '몸과 흙은 본시 하나이니 제 땅에서 나는 음식이 우리 체질에 가장 알맞다'는 뜻이 됩니다. 신토불이의 어원에 대해서는 여러 가지 해석이 있으나 불경을 그 원전으로 보는 견해가 많습니다. 그중의 하나가 법화경(法華經)의 십종(十種) 불이문(不二門) 중 '의정불이문(依正不二門)'이 곧 신토불이라는 것입니다. 의정(依正)의 의(依)는 국토(國土)를 뜻하는데 국토가 흙을 말하는 토(土)가 된다는 것이지요. 또 의정의 정(正)은 심신(心身)을 뜻하므로, 결국 의정불이문이 신토불이와 같은 뜻이라고 해석하는 것입니다.

또 다른 해석은 신(身)은 불신(佛身)의 준말이고, 토(土)는 불국토(佛國土)의 준말이라고 보는 것입니다. 불경에서는 "우주의 모든 것이 다 부처님의 몸이요, 부처님의 나라이므로 몸과 나라는 별개의 것이 아니라 하나"라고 본다고 합니다. 이를 자세히 설명하면 이런 풀이가 나옵니다.

"몸(身)과 흙(土)은 둘이 아니다. 흙은 근거요, 몸은 그 근거 위에 나타난 양상이다. 몸은 인간으로 태어난 우리 자신이며, 흙은 우리를 낳고 먹여 살리는 우주 대자연이다. 그리고 우리가 죽으면 돌아갈 고향 땅이다. 그러니 자기가 태어난 땅에서 나온 농산물이 자기 체질과 가장 가까울 수밖에 없다는 것은 정한 이치이다."

일본은 2003년부터 우리의 신토불이 운동과 유사한 지산지소(地産地消)운동을 펼치고 있습니다. 이 운동은 자기 지역에서 생산한 농산물을 자기 지역에서 소비하자는 것입니다. 즉 지역 주민 각자가 지역 농산물을 먹자는 것인데, 그런 만큼 농민들은 믿을 수 있는 좋은 품질의 농산물을 생산하자는 뜻도 함께 갖고 있습니다.

신토불이나 지산지소 운동은 수입 농산물에 대한 경각심을 일깨우기 위해 나온 것입니다. 그러나 '우리 농산물'이라는 점만으로 소비자에게 다가가서는 호응을 얻기 어렵습니다. 맹목적인 애국심이나 애향심에 의존하는 정서적인 접근은 소비자의 마음을 움직일 수 없습니다. 우리 농산물이 다소 비싸더라도 그 이상 안전하고 품질이 좋다는 것을 실증적으로 보여 주어야 신토불이나 지산지소 모두 국민 운동으로 생명력을 이어갈 수 있습니다.

035 쌀과 민족문화

.... **Speech 100**

> **핵심 내용** 쌀은 우리 민족과 동고동락(同苦同樂)하면서 민족 문화의 근간
> 을 이뤄왔다. 우리에게 쌀은 단순한 식량이 아니라 '민족의 문화적 감정' 같
> 은 가슴 뭉클한 그 무엇이 담겨 있는 존재라고 할 정도로, 우리 문화 속에서
> 쌀 문화가 아닌 것이 없다.

우리 민족에게 쌀이 어떤 존재이며, 민족적 품격과 정서를 얼마나 지
니고 있는가는 신앙사적 측면에서 잘 나타나 있습니다. 어느 민족에
게나 신앙은 가장 원형적인 문화를 상징하는데, '부루 신앙' 같은 곡
령 신앙은 고조선 이전까지로 거슬러 올라간다고 합니다.

우리 조상들은 햇곡식을 추수하면 가장 잘생긴 벼이삭을 골라 묶
어 기둥이나 대문 위에 걸고 다음 해의 풍년을 기원했습니다. 나락을
털어 방아를 찧은 햅쌀을 부루 단지나 삼신 바가지 등에 담아 집안
신께 인사를 드렸습니다. 아기를 낳으면 삼신 바가지의 쌀을 퍼서 밥
을 짓고, 짚을 깔고 삼신에게 제를 올린 후에 산모가 먹었습니다. 생
명 탄생의 순간을 삼신의 쌀로 맞이한 것입니다.

마을 공동체 신앙에서 보면 오곡의 풍요를 기원하는 의식으로 당
산제·도당제·서낭제 등이 있습니다.

쌀 문화는 두레와 같은 공동체 문화를 만들어 냈습니다. 논농사는 개인의 노동만으로는 해결할 수 없기 때문에 품앗이가 자연스레 발달한 것입니다. 물을 확보하기 위한 집단적인 수리관행, 공동의 농지 정리나 모내기·김매기·추수 등은 모두 공동체성을 요구하고 있는데 두레가 대표적인 것입니다. 두레는 영좌·좌상·총각대방 등의 서열을 정하고 마을 공동으로 노동하고 함께 휴식을 취하는 전형적인 우리 민족의 공동체 문화라고 할 수 있습니다.

두레는 단순한 품앗이 노동 조직으로서만이 아니라 공동체적 놀이 조직의 기능도 갖고 있는데 풍물이 바로 그것입니다. 과거에도 두드리는 악기들이 없었던 것은 아닙니다. 그러나 풍물과 같이 한 몸으로 움직이고 잘 조직된 연희패를 갖게 된 것은 어디까지나 두레 농사의 보급과 더불어 시작된 것입니다.

논농사는 다양한 민요도 만들어 냈습니다. 모내기 소리·논매기 소리·타작 소리 등 다양한 농작업과 관련된 노래를 통해 몸의 고단함을 잊고, 일을 하는 전통의 소리를 창조해낸 것입니다. 지금도 풍물 소리는 한민족 가무의 으뜸으로, 농민들의 희로애락의 유장한 역사가 배어 있는 대표적인 쌀 문화로 자리매김을 하고 있습니다.

쌀농사는 필연적으로 물을 요구합니다. 물을 점유하기 위한 싸움도 흔했습니다. "물싸움에는 부모 형제도 없다"는 말이 있을 정도입니다. 여기서 탄생한 것이 기우제입니다. 임금님이 직접 기우제를 지내기도 하고, 각 지방 관아에서도 지냈습니다. 마을 주민들은 자체적으로 다양한 방식의 기우제를 통하여 비를 기원했습니다.

농민신문 발행 '쌀을 말한다' 중 주강현 한국민속연구원장의 글에서

036 쌀 문화와 세시풍속

Speech 100

> **핵심 내용** 농사의 시작과 끝은 자연의 순환과 함께한다. 모든 세시풍속에는 농사짓는 농사력의 순리가 잘 반영돼 있다. 조선 후기에 나온 '농가월령가'는 각각의 절기에 따라 해야 할 일과 게으름 피워서는 안 될 일을 적시하고 있는 대표적인 쌀 문화의 하나다.

쌀 문화가 가져온 가장 중요한 풍습 가운데 하나로 농경 세시풍속을 꼽을 수 있습니다. 모든 세시풍속에는 농사짓는 농사력의 순리가 잘 반영돼 있습니다.

음력으로 정초를 지내면 대보름까지 즐거운 민속놀이들이 펼쳐집니다. 대개의 민속놀이에는 농사의 풍요를 기원하는 내용들이 담겨져 있습니다. 대보름에 볏가릿대를 세웠다가 2월 1일에 이를 쓰러뜨려 풍흉을 점치는 풍속도 있습니다. 또 청명·곡우 등의 절기마다 논농사를 위해 반드시 준비해야 할 절차가 있는데, 조선 후기에 나온 '농가월령가'는 각각의 절기에 따라 해야 할 일과 게으름을 피워서는 안 될 일을 적시하고 있는 대표적인 쌀 문화의 하나입니다.

단오라는 명절이 가능한 것은 단오를 전후해 모내기가 이뤄지기 때문입니다. 정신없이 모내기를 하고 나서 단오에 잠시 숨을 돌리는 것이지요. 그러고는 이내 세벌 김매기에 돌입해 눈코 뜰 새 없이 바쁜 한여름을 보냅니다.

칠석이 오면 '어정 칠월, 건들 팔월'이라 하여 모처럼 세벌 김매기를 끝낸 가정에서는 휴식을 취하게 됩니다. 칠석 놀이·백중 놀이 등이 벌어지는데, 특히나 백중은 '머슴들의 명절'로 일꾼들이 노는 날입니다.

추석은 두말할 것도 없이 한 해 농사를 마무리하고 햇곡식을 거둬들여 하늘과 조상에게 천신(薦新)하는 날입니다. 시월의 상달고사나 조상들에게 올리는 시제사도 결국은 한 해 농사를 마감하고 햇곡으로 천신하면서 인사 올렸던 풍습에서 비롯된 것입니다.

농사가 끝나면 가마니 짜기나 농기구 만들기·새끼 꼬기·멍석 짜기 등으로 긴긴 겨울밤을 보냈습니다. 이들 농기구의 대부분이 볏짚으로 만들어졌음은 주목할 만한 일입니다.

쌀 문화는 우리 민족문화의 결정체라고 할 수 있습니다. 우리가 순백의 백설기를 중시하는 것도 쌀로 빚은 최초의 순수한 결정을 신에게 바치던 풍습에서 기인하는 것입니다.

농민신문 발행 '쌀을 말한다' 중 주강현 한국민속연구원장의 글에서

쌀과 관련된 속담

- 쌀독에서 인심 난다
- 익은 밥 먹고 선소리 한다
- 보기 좋은 떡이 먹기도 좋다
- 남의 밥에 든 콩이 더 커 보인다
- 밥그릇이 높으니까 생일만큼 여긴다
- 떡 본 김에 제사 지낸다
- 미운 놈 떡 하나 더 준다
- 쌀은 쏟고 주워도 말은 하고 못 줍는다

037 우리 쌀농사 역사는 1만5,000년

Speech 100

핵심 내용 세계에서 가장 오래된 볍씨가 발굴된 곳은 바로 우리나라다. 1998년과 2001년 충북 청원군 옥산면 소로리(지금의 오창 과학산업단지 지역)에서 59개의 볍씨가 발굴됐는데 1만2,500~1만7,000년 전의 것으로 밝혀졌다.

벼가 우리나라에 전래된 경로를 고고학자들은 이렇게 설명합니다. 중국의 윈난 지역에서 양쯔강을 거쳐 화이허 강→산둥반도→황해를 통해 황해도 장산곶으로 전해졌거나, 산둥반도→요동반도→한반도의 경로를 통했을 것으로 추정하고 있습니다.

소로리 볍씨 이전에 고고학 발굴 조사를 통해 발견된 우리나라에서 가장 오래된 볍씨는 1991년 6월에 경기도 고양시 일산읍에서 발굴된 것입니다. 탄소연대측정 결과 4,000~5,000년 전 것으로 밝혀졌습니다. 경기도 김포군 통진면 가산리의 볍씨는 4,000년 전 , 여주군 점동면 흔암리와 평양시 호남리 볍씨는 약 3,000년 전, 충남 부여군 초촌면 송국리 볍씨는 2,600년 전 것으로 밝혀졌습니다. 따라서 우리나라에서 벼 재배가 시작된 시기를 5,000년 전으로 보던 것이 그동안의 정설이었습니다.

그런데 벼의 역사를 새롭게 써야 할 세계적인 사건이 충북 청원군 옥산면 소로리에서 일어났습니다. 금강의 지류인 미호천이 흐르는 해발 30m 지대에서 구석기 시대의 유물을 발굴하던 조사팀은 유적이 묻혀 있는 토탄층에서 59개의 볍씨를 수습했습니다. 연구진은 토탄과 볍씨 8개를 미국의 연구실로, 6개는 서울대 연구실로 보내 연대를 측정했는데, 놀랍게도 1만2,500~1만7,000년 전 것으로 밝혀진 것입니다. 연구진은 DNA도 분석했는데 현대의 벼와는 너무나 달라 고대 벼가 분명함을 확인했습니다. 세계에서 가장 오래된 최고(最古)의 벼가 우리나라에서 출토된 것입니다.

우리나라 고고학자들은 2003년 워싱턴에서 열린 제5회 세계고고학대회에서 이 사실을 보고했습니다. 영국의 BBC방송은 이를 특집으로 방영해 세계의 주목을 받기도 했습니다.

소로리 볍씨 이전에는 중국 양쯔강 유역 옥섬암 유적에서 출토된 약 1만1,000년 전의 볍씨가 가장 오래된 것이었는데 이후 소로리 볍씨가 세계 최고(最古)의 것으로 학계의 공인을 받은 것입니다.

우리나라에서 벼농사에 대한 최초의 기록은 삼국사기의 백제본기에 나온 "다루왕 6년(AD 33년) 정월에 하금국(下今國) 남주군에서 벼농사를 시작했다"는 내용입니다. 그러나 우리나라 유적에서 발견되는 벼농사의 흔적은 소로리 볍씨를 제외하면 대개가 4,500~5,000년 전 것으로 고조선 이전 원시시대인 구석기 때에 이미 쌀을 먹기 시작했던 것으로 보고 있습니다. 또 삼국사기에 벽골제와 같은 논농사에 필요한 연못과 제방의 기록이 나오는 것으로 보아 그때 이미 논농사가 상당히 발전된 것으로 짐작된다고 합니다.

038 쌀을 매일 먹어야 하는 10가지 이유(1)

Speech 100

> **핵심 내용** 우리가 매일 먹는 쌀밥은 종합 영양제이다. 쌀은 탄수화물은 물론 풍부한 양질의 단백질과 비타민, 그리고 신비한 기능성 물질까지 들어 있는 영양의 보고다.

우유·콩·생선의 단백질보다 우수한 쌀 단백질

쌀에는 다른 곡류에 비해 단백가가 높은 양질의 단백질이 많이 들어 있습니다. 쌀 단백질은 체내 이용 효율도 높고, 혈중 콜레스테롤과 중성지방의 농도를 줄여 고혈압이나 심혈관계 질환 등 성인병을 예방하는 효과가 있습니다.

흰쥐에게 쌀 단백질을 먹인 다음 혈중 콜레스테롤과 중성지방 농도를 측정한 결과, 우유·콩·생선의 단백질을 투여한 쥐보다 농도가 크게 떨어졌다는 연구결과가 있습니다.

또한 쌀 단백질은 고기를 먹었을 때 소화 흡수에 필수적으로 필요한 담즙산의 생산과 대사를 이롭게 하는 이담작용(利膽作用)을 합니다. 쌀 단백질은 우유 단백질보다 50% 이상 담즙산 대사 촉진효과가 있다는 연구보고도 있습니다.

체내에서 합성 안 되는 풍부한 필수지방산이 듬뿍

필수지방산은 체내에서는 합성이 되지 않아 반드시 음식물을 통해 섭취해야 합니다. 쌀에 함유된 지방산의 40%는 필수지방산인데, 쌀 100g당 리놀레산 430㎎, 리놀렌산 160㎎, 아라키돈산 5㎎이 들어 있다고 합니다.

쌀은 맛있는 종합 영양제

쌀은 비타민 B1·B2·B6, 비타민 E, 그리고 나이아신·판토텐산·엽산은 물론이고 철분·칼륨·칼슘 등의 무기질도 골고루 들어 있는 종합 영양제입니다.

비만과 당뇨를 예방하는 쌀의 전분

쌀의 주성분인 전분(탄수화물)은 우리 몸이 활동하는 데 필요한 가장 중요한 에너지원입니다. 전분을 섭취하면 일정 시간 혈당량이 증가 했다가 다시 감소하면서 공복 상태의 농도를 유지하게 됩니다. 그런데 이때 혈당량이 급속하게 늘어나면 체내에 나쁜 영향을 미칩니다. 당뇨병 환자의 경우엔 그 증세가 더 악화될 수도 있습니다. 하지만 쌀은 밀이나 감자와 비교할 때 비만과 당뇨를 방지하는 데 효과적이라는 연구보고가 있습니다. 쌀밥을 먹은 경우 식빵이나 감자에 비해 식후 인슐린 분비 및 혈당치가 훨씬 낮게 나타난 것입니다. 이처럼 쌀밥은 인슐린 분비를 과다하게 자극하지 않기 때문에 체지방 합성과 축적을 억제해 비만을 예방할 수 있고, 혈당량을 급격히 증가시키지 않기 때문에 당뇨 예방에도 매우 효과적이라는 것입니다.

039 쌀을 매일 먹어야 하는 10가지 이유 (2)

Speech 100

> **핵심 내용** 쌀밥은 풍부한 영양성분과 다양한 기능성 물질이 함유되어 있는 웰빙 식품이다. 비만을 비롯한 고혈압 등 성인병의 예방에 탁월한 효과가 있어 다이어트 식품으로도 새롭게 각광받고 있다. 백미와 현미를 적절하게 섞어 먹으면 '밥이 보약'임을 실감할 수 있다.

쌀에 들어 있는 신비한 가바(GABA) 성분

쌀에 들어 있는 성분 중에는 가바(GABA)라는 신비한 물질이 있습니다. '감마 – 아미노부티르산'이라고도 불리는 가바는 혈액 안의 중성지방을 줄이고 혈압을 내립니다. 또 뇌로의 산소 공급량을 증가시켜 신경을 안정시키고, 스트레스를 억제하며, 간 기능을 높이기도 합니다. 이 가바 성분은 쌀눈(배아)에 많이 들어 있기 때문에 쌀눈이 붙어 있는 쌀로 밥을 지어야 이러한 효과를 볼 수 있습니다.

쌀 식이섬유의 스폰지 효과

쌀에 들어 있는 신비한 성분 중의 하나가 식이섬유인 헤미셀루로스입니다. 헤미셀루로스가 분해하면서 생성되는 아라비녹시란은 면역력을 증강시킬 뿐만 아니라 암 예방 효과도 기대할 수 있다고 합니다. 또한 '스폰지 효과'가 있어 중금속이나 다이옥신 같은 환경 호르몬 등 유해 성분을 스폰지처럼 쏙쏙 빨아들여 배설하는 기능을 합니다. 이 때문에 비만과 성인병의 예방은 물론 장의 연동운동을 촉진시켜 변비 예방에도 도움이 됩니다.

쌀은 웰빙 다이어트 식품

쌀에 들어 있는 지방은 우리 몸을 살찌게 하고 몸에 쌓여 해로운 작용을 하는 포화 지방산이 아닌, 몸에 좋은 불포화 지방산입니다. 쌀밥을 많이 먹어도 살이 찌지 않는 이유 역시 여기에 있습니다.

알레르기 위험이 거의 없는 음식

쌀에는 밀과 달리 알레르기를 유발하는 글루텐이 없기 때문에 다른 곡류에 알레르기가 있는 사람도 별다른 이상이 발생하지 않습니다.

원기 회복에는 쌀밥이 최고

쌀은 몸을 보호하고 원기를 돋워주며, 모든 장기를 건강하게 합니다. 특히 위장을 보호하는 데 탁월한 효과가 있습니다. 쌀은 한방에서도 따뜻한 성질을 가진 음식이라, 백미와 현미를 적절하게 섞어 먹으면 '밥이 보약'이라는 말을 실감할 수 있습니다.

소화가 잘되는 음식

쌀은 소화 흡수율이 높아 위장이 나쁜 사람도 소화가 잘되는 음식입니다. 쌀은 평균 90% 이상의 높은 소화 흡수율을 나타냅니다.

2

Speech 100

주제별 스피치

3장_거친 개방화 파고

040 공공비축제와 소득보전 직불제

.... **Speech 100**

> **핵심 내용** 공공비축제는 그동안 양정의 근간을 이뤄왔던 추곡수매제가
> 2005년 폐지되면서 도입된 제도다. 정부는 추곡수매를 폐지하면서 공공비
> 축제와 함께 쌀 농가의 소득을 보전하기 위한 소득보전 직불제를 함께 도
> 입했다.

추곡수매제는 1948년 정부 수립과 동시에 도입돼 2005년 공공비축
제로 전환되기 전까지 양정의 기본 틀로서의 역할을 다하고 역사 속
으로 사라졌습니다.

추곡수매제가 폐지된 것은 우루과이라운드(UR)협정이 발효되면
서 추곡수매 자금이 국내 보조금 감축대상으로 분류돼 해마다 수매
량을 줄여야 하는 새로운 환경이 조성됐기 때문입니다. 이에 따라 정
부는 추곡수매제를 폐지하는 대신 공공비축제와 함께 쌀 농가의 소
득을 안정시키기 위한 소득보전 직불제를 도입하게 된 것입니다.

공공비축제는 추곡수매제 기능의 하나였던 식량안보 차원의 정부
비축미를 확보하기 위한 것입니다. 국제식량농업기구(FAO)가 권장
하는 적정 비축물량은 국민의 3개월치 소비량으로 우리나라의 경우
600만~700만섬 정도가 됩니다.

이를 기준으로 하면 정부가 갖고 있는 300만섬 정도에 매년 수확기에 300만섬 정도를 수매하면 되나 추곡수매제 폐지에 따른 충격을 줄이기 위해 2005년 400만섬, 2006년 350만섬을 샀고, 2007년 300만섬, 2008년 280만섬을 수매했습니다. 올해는 280만섬을 산다는 것이 정부의 계획입니다.

소득보전 직불제는 공공비축제 도입과 동시에 쌀 농가의 소득을 포괄적으로 지지하기 위해 도입된 제도입니다. 80㎏ 쌀 한 가마당 목표가격을 설정하고, 당해연도 쌀값이 떨어져 고정형 직불금을 받고도 목표가격보다 낮을 경우 변동형 직불금을 통해 차액의 85%를 보전해 주는 제도입니다.

현재 목표가격은 17만83원입니다. 산지 쌀값이 떨어지면 정부가 차액의 85%를 보전해 줘야 하는데 농협이 이보다 높은 값으로 사면 정부는 이런 부담을 지지 않아도 됩니다. 결국 농민들이 농협에 와서 높은 값으로 쌀을 수매해 줄 것을 요구하는 것은 정부가 부담해야 할 것을 농협이 떠안으라는 것과 같은 말이 됩니다.

실제로 지난해 농협은 산지 시세보다 높은 값에 쌀을 수매하고 올해 많은 손실을 보고 있습니다. 반면 정부는 올해 변동직불금으로 책정한 3,600억원의 예산을 한 푼도 집행하지 않았습니다. 쌀 소득보전 직불제를 효율적으로 활용하려면 농협은 산지 시세대로 사고, 목표가격보다 떨어진 소득은 정부로부터 보상을 받는 것이 제일 합리적입니다. 물론 차액의 85%만 보상을 해 주는 단점이 있지만 부족한 15%는 농협이 쌀을 잘 팔아 수익을 내고, 그 잉여금을 활용해 보전을 받는 방법도 생각해 볼 수 있을 것입니다.

041 세계 곡물값 폭등의 5가지 원인

Speech 100

핵심 내용 과거의 식량파동은 흉작 등 공급 측면에서 발생했지만 최근의 식량 위기는 수요의 폭발적 증가가 원인이라는 데 문제의 심각성이 있다.

2008년 봄, 아이티·이집트·에티오피아·우즈베키스탄·필리핀·태국·멕시코·인도네시아·파키스탄 등등 세계 20여개 국에서 식량폭동이 일어났습니다. 국제 곡물사정이 급격히 악화되자 러시아·중국·인도·브라질·아르헨티나 같은 식량 수출국들은 수출금지, 수출세 부과 등으로 곳간 단속에 나섰습니다. 돈만 있으면 언제든지 필요한 식량을 사올 수 있다는 생각이 얼마나 안이한 것이었나를 실감케 한 이번 곡물파동은 지금도 진행 중입니다.

지난해 세계 곡물 재고율은 14.6%로 관련 통계가 만들어진 1960년대 이후 최저치를 기록했습니다. 2007년부터 가파르게 상승하던 국제 곡물값은 2008년 여름 그 절정에 달했습니다.

2005년 대비 △밀은 1t당 151달러에서 366달러로 △옥수수는 96달러에서 287달러로 △콩은 211달러에서 445달러로, 전체적으로 2배

이상 폭등했습니다. 쌀은 장립종이 278달러에서 709달러로, 우리가 먹는 중립종은 405달러에서 1,061달러로 더 큰 폭으로 뛰었는데 한 번 오른 국제 쌀값은 2009년 3월까지도 요지부동입니다.

그러면 왜 지구촌의 식량사정이 급격히 악화됐을까요? 전문가들은 대략 5가지 정도를 그 요인으로 지적하고 있습니다.

그 첫째가 곡물을 이용한 바이오 연료 생산의 확대입니다. 사람과 가축이 먹을 식량을 자동차가 함께 먹으니 식량이 부족할 수밖에 없게 된 것입니다.

두 번째 요인은 경제성장으로 소득이 높아진 중국과 인도의 곡물 소비가 급격히 늘었기 때문이라고 합니다.

이 두 가지 결정적 요인에 대해서는 다음에 자세히 설명하겠습니다.

세 번째로는 기후 온난화 등으로 인한 호주 등 곡창지역의 흉작을 들고 있습니다.

네 번째가 휴경 없이 계속되는 경작으로 세계 농지의 20% 정도가 토양 양분이 고갈돼 생산성이 크게 떨어지고 있다는 것입니다.

다섯 번째가 국제 투기자본이 곡물 선물시장에 들어와 곡물값 폭등을 주도했다는 설입니다.

이런 여러 원인이 복합적으로 작용한 결과이기는 하나, 지금의 곡물값 폭등과 식량위기 상황은 바이오 연료와 중국·인도의 곡물 수요가 급증하고 있는 것이 가장 근본적인 원인입니다.

공급이 따라 주지 않는데 수요는 계속 폭발적으로 늘어나니 식량 부족 사태가 올 수밖에 없고, 곡물값 강세와 식량 부족 사태는 앞으로도 장기화될 것이라는 전망이 지배적입니다.

042 곡물소비의 양대 블랙홀

Speech 100

> **핵심 내용** 최근 국제 곡물값이 급등하게 된 1차적인 원인은 곡물을 이용한 바이오 에너지의 생산이 크게 늘어났다는 것이다. 또 다른 원인은 중국 경제가 고도성장을 하면서 중국인들이 육류 소비를 크게 늘리고 있다는 것이다.

사람이 먹어야 할 곡물이 자동차 연료가 되고, 중국인들의 육류 소비가 급증하면서 세계 곡물시장의 수급 균형이 급속하게 무너지고 있습니다.

곡물을 이용한 바이오 에너지는 알코올인 바이오 에탄올과 기름인 바이오 디젤 두 종류가 있는데, 이 두 가지는 원료부터가 전혀 다릅니다. 바이오 에탄올은 옥수수·사탕수수·사탕무 등에 들어 있는 탄수화물을 발효시켜 만든 것입니다. 바이오 디젤은 유채와 해바라기씨·콩·팜(야자의 일종) 등을 이용해서 짠 기름을 말합니다. 미국과 브라질 등에서는 바이오 에탄올을 주로 생산하고 있고, 유럽연합(EU)에서는 바이오 디젤 생산에 주력하고 있습니다.

2007년 세계 바이오 연료 생산량 중 바이오 에탄올이 약 90%, 바이오 디젤이 10%를 차지하고 있는데, 국가별로는 미국이 전체 생산량의 43%를, 브라질이 32%, 유럽연합이 15%를 생산하고 있습니다.

2007년 미국에서 생산된 옥수수의 30%가 바이오 에탄올 생산에 쓰였다고 합니다. 미국 정부는 보조금을 지급해 바이오 에탄올 생산을 장려하고 있고, 유럽연합도 사정은 비슷합니다.

바이오 연료 생산을 위한 곡물 수요 확대는 옥수수와 같은 해당 작물의 수급뿐만 아니라 밀·콩·보리 등 다른 작물의 재배 면적을 잠식하고 있어 곡물값 폭등을 야기하고 있는 것입니다. 또한 인도네시아·브라질 같은 나라에서는 사탕수수 재배 면적을 늘리기 위해 원시림을 마구 파괴하는 부작용을 빚고 있기도 합니다.

세계 곡물값 폭등의 또 다른 원인은 중국의 식생활 변화입니다. 중국 경제가 고도성장을 지속하면서 13억명에 달하는 중국인들이 육류 소비를 크게 늘리고 있는 것입니다. 중국의 돼지고기 소비량은 1990년 2,257만3,000t에서 2007년 4,669만t으로 연평균 4.4%가 늘어났습니다. 쇠고기는 같은 기간 중 110만1,000t에서 775만6,000t으로 연평균 12.2%가 증가했습니다.

통상 돼지고기 1kg을 생산하는 데는 사료곡물 4kg이 필요하고, 닭고기는 1kg, 쇠고기는 8kg가 필요하다고 합니다. 따라서 중국인들이 고기를 먹기 시작하면 곡물 수요는 폭발적으로 늘어날 수밖에 없습니다.

사람이 먹어야 할 식량을 자동차와 나눠 먹어야 하는 시대가 되고, 중국인의 육류 소비 급증은 한정된 면적의 지구촌 농지로는 감당하기 어려운 곡물 수요를 유발하고 있는 것입니다. 곡물소비의 블랙홀이 되고 있는 바이오 연료와 중국의 식생활 변화는 세계 식량위기를 초래한 근본 원인이 되고 있습니다.

043 우리 밥상을 지배하는 곡물 메이저

Speech 100

> **핵심 내용** 곡물 메이저는 곡물 수출국의 배후에 숨어 국제 곡물시장을 쥐락펴락하며, 국제 농업협상을 주도하기도 한다. 그러면서 수단과 방법을 가리지 않고 막대한 독점적 이윤을 챙긴다.

곡물 메이저처럼 우리 일상생활에 많은 영향을 미치면서도 그 실체가 알려지지 않은 기업은 없습니다. 곡물 메이저는 곡물 수출국의 배후에 숨어 국제 곡물시장을 쥐락펴락하며, 국제 농업협상을 주도하기도 합니다.

세계 곡물시장을 좌지우지하는 소수의 곡물거래기업을 석유 메이저에 빗대어 곡물 메이저라고 부릅니다. 규모 순서로 카길(미국), 아처 대니얼 미들랜드(ADM, 미국), 루이 드레퓌스(프랑스), 벙기(브라질), 카낙(스위스)을 꼽습니다. 이들 상위 5개 메이저는 국제 곡물거래의 80~90%를 독점하고 있습니다. 그중에서도 카길은 1998년 당시 세계 2위의 자리에 있던 콘티넨탈의 곡물사업 부문을 인수한 데 이어 2001년 퓨리나 사료로 유명한 애그리브랜드를 합병해 국제 곡물시장에서 공룡과도 같은 존재가 되었습니다.

곡물 메이저들은 가족 경영을 통해 사업을 확장해 왔고, 현재도 창업주의 후손들이 경영하고 있습니다. 창업주들은 대개 유대인입니다. 곡물장사는 거액의 거래를 하는 데 있어 신용과 비밀 보장이 무엇보다 중요해 경영이 매우 폐쇄적이고, 막강한 영향력에 비해 그 실체는 제대로 알려진 것이 별로 없습니다. 1865년 미국에서 설립된 카길의 경우도 마찬가지입니다. 카길의 경영진은 혼인관계로 맺어진 카길가와 맥밀런가 두 가문이 맡고 있다고 합니다.

곡물 메이저는 세계 도처에 거미줄 같은 정보망을 갖고 있을 뿐 아니라 인공위성을 통해 밀·옥수수·쌀 등 주요 농작물의 국가별 작황까지 수시로 파악하고 있는 것으로 알려지고 있습니다. 또한 곡물 메이저는 돈과 인맥의 속성을 활용해 곡물 수출국과 국제협상에서 보이지 않는 손으로 작용하고, 식량을 무기화하는 배후세력으로 작용하면서 큰 이문을 챙기기도 합니다. 실례로 카길의 부회장인 대니얼 암스터츠는 1987년 UR협상 당시 미국의 '예외 없는 관세화' 초안을 작성하고 미국 협상팀의 농업대표를 맡기도 했습니다. 지금 진행 중인 WTO농업협상에서도 카길이 미국정부의 의견서를 주도한 것으로 알려지고 있습니다. 이같이 정부와의 인사교류, 로비 등을 통해 미국과 세계 농업정책을 자신들에게 유리하게 끌어가고 있는 곡물 메이저는 각국의 식량사정에 허점이 보이기만 하면 수단과 방법을 가리지 않고 독점적 이윤을 챙기는 횡포를 부리기도 합니다.

지난 1980년 우리나라에 흉작이 들자 미 행정부와 의회를 움직여 국제시세보다 3배나 비싼 값에 쌀을 팔면서 필요한 양 이상을 수입하도록 압력을 넣은 것도 코넬이라는 국제 곡물기업이었습니다.

044 미국 쌀농가 소득의 57.6%는 보조금

Speech 100

> **핵심 내용** 미국 농민의 농업소득에서 보조금이 차지하는 비중은 2004년 15.2%에서 2006년 33.5%로 높아졌다. 특히 쌀농가는 2004년 기준으로 소득의 57.6%가 보조금이다.

곡물 생산량 세계 2위인 미국은 지난 2002~2006년에 연평균 169억 달러씩 총 845억 달러를 농업보조금으로 지급했습니다. 그런데 지난해 미국은 농업보조금을 한층 강화하는 내용의 '2008년 농업법'을 확정했습니다. 미국의 농업법은 5년마다 개정됩니다. 2002년에 마련된 농업법은 '3중의 농업소득 안전망'으로 불리는 ▲마케팅 론(농산물을 담보로 융자를 받은 뒤 농산물 값이 떨어져 융자금을 갚지 못할 경우 담보 농산물만 제공하면 되는 제도) ▲고정 직접지불제(농산물 값이 목표 가격보다 하락하면 차액을 지급하는 제도) ▲경기대응 소득보조(시장가격 또는 융자가격과 직접지불 단가의 합계가 목표가격에 미달하면 그 차액을 보전해 주는 제도)가 핵심입니다.

그런데 2008년에 확정된 농업법은 이보다 더 강화된 내용을 담고 있어 국제사회의 비난을 받고 있습니다.

우선 마케팅 론의 융자단가를 높여 책정했고, 고정 직접지불 대상 품목을 확대하는 한편 밀·보리·콩 등 주요 곡물은 목표가격을 인상했습니다. 이것도 모자라 수입(收入)보전 직불제를 신설했는데, 이는 흉작으로 농산물 값이 목표 값을 웃돌더라도 생산량이 줄어 총소득이 감소할 경우 이를 보전해 주는 제도입니다.

물론 미국의 이러한 보조금 확대 정책은 세계무역기구(WTO)의 규정과도 일치하지 않을 뿐 아니라 미국이 주장하는 농산물의 교역 자유화나 시장에서의 공정한 경쟁과도 거리가 먼 것입니다. 미국은 우루과이라운드(UR)협상은 물론 지금 진행 중인 도하개발아젠다(DDA) 농업협상에서도 다른 나라의 보조금 감축을 주장하면서 한편으로는 자국의 농업보호를 위한 보조금을 확대하는 이중적인 모습을 보이고 있습니다. 더구나 지난해 국제 곡물값의 폭등으로 미국 농민의 소득이 지난 10년간의 평균 소득보다 50% 이상 늘어날 것으로 예상되는 상황에서 보조금 확대 정책을 확정한 미국의 의도는 분명합니다. 국제시장에서의 지배력을 확고히 하자는 것입니다.

미국 농민들이 농사를 지어 벌어들이는 소득 가운데 보조금이 차지하는 비중은 지난 2004년 기준으로 평균 15.2%였습니다. 품목별로는 ▲쌀이 57.6%로 가장 높고 ▲면화 42.4% ▲옥수수 42.2% ▲콩 27.7%입니다. 그런데 2006년 미 농민의 농업소득 중 보조금의 비율이 33.5%로 높아졌으니 품목별 보조금 비중도 더 높아졌을 것입니다.

2008년 미 농업법이 본격적으로 시행되면 미국 농민은 보조금의 혜택을 더 많이 누릴 것입니다. 우리의 경우 전체 직불금 중 가장 많이 지급되는 쌀의 경우 쌀농가 소득의 12.4%밖에 안 됩니다.

045 수출보조금 천국 EU

Speech 100

> **핵심 내용** 미국이 국내 농업보조를 많이 하고 있다면 유럽연합(EU)은 수출보조금을 많이 주고 있는 나라다. 단적인 예로 EU가 수출하는 보리의 수출 가격은 생산비의 34%밖에 안 된다는 조사결과도 있다.

한국과 유럽연합(EU)의 자유무역협정(FTA)이 7월 13일 타결됐습니다. EU의 회원국은 27개 국으로 농업 총생산액은 미국의 1.5배에 달합니다. 미국에 이어 유럽연합과 FTA가 타결되면서 우리나라는 세계 경제를 양분하고 있는 거대한 경제권과 관세장벽 없이 무한경쟁을 해야 하는 상황에 돌입하게 됐습니다.

더구나 미국과 유럽연합은 자타가 공인하는 농업강국이고, 곡물을 비롯해 각종 농산물과 축산물을 수출하고 있는 나라들입니다.

2006년 경제협력개발기구(OECD)가 각국의 농업보조금을 발표했는데 유럽연합의 농업보조금의 총액(2005년 기준)은 753 4,500만 달러로 같은 해 미국의 보조금 339억4,800만달러보다 훨씬 많았습니다. 보조금 지급규모로 보면 단연 세계 1위가 유럽연합입니다.

유럽연합이 이처럼 막대한 보조금을 쏟아붓는 데는 공동농업정책

(CAP)이 중요한 역할을 하고 있습니다. 2차대전 직후 식량부족에 시달리던 유럽연합은 1962년 농업생산성을 끌어올리면서 농업인의 소득안정을 위해 공동농업정책을 만들었습니다. 유럽연합의 공동농업정책은 주요 농산물에 대한 가격지지를 기초로 하고 있습니다. 농산물 가격이 기준 가격 이하로 떨어지면 그 차액을 보조금으로 메워주는 정책입니다. 이에 힘입어 농산물 생산이 급격히 늘어나 1970년 이후에는 잉여 농산물을 수출하지 않으면 안 되게 되었습니다. 그러나 유럽연합은 미국이나 호주·남미 같은 나라보다 생산비가 많이 드는 농업구조라서 수출 단가가 높을 수밖에 없습니다. 이를 해소하기 위해 수출보조를 하기 시작했고, 그 결과 세계에서 수출보조금을 가장 많이 주는 나라가 됐습니다.

유럽연합의 수출보조금은 세계 각국의 총 수출보조금의 85~90%를 차지할 정도입니다. 일례로 유럽연합이 수출하고 있는 보리의 수출 가격은 생산비의 34%에 불과하다는 조사결과도 있습니다. 미국은 국내보조로, 유럽연합은 수출보조로 농가소득을 보장하고 수출시장을 확대하고 있는 셈입니다. 세계무역기구(WTO) 농업협상에서 서로 상대방의 보조를 줄이라며 힘겨루기를 하는 것도 이 같은 이유입니다. 미국이 국내보조를 줄이지 않는데 유럽연합만 수출보조를 삭감하면 수출시장에서 EU의 가격 경쟁력이 없어진다는 것입니다.

우리와 FTA협상을 하면서 유럽연합은 '농산물에 대한 보조는 협상테이블에서 다루지 말자' 고 했다고 합니다. 보조금을 훨씬 많이 주고 있는 나라의 입장에서 이것을 건드려 봐야 득이 될 것이 없다는 계산이 깔려 있는 것입니다.

046 동시다발로 추진되는 FTA

Speech 100

> **핵심 내용** 올 3월 초 뉴질랜드와 호주를 순방한 이명박 대통령은 이들 나라와의 자유무역협정(FTA) 협상개시를 선언했다. 동시다발적으로 추진되는 FTA는 우리 농업에 엄청난 부담으로 다가오고 있다.

우리나라가 자유무역협정(FTA)을 처음 맺은 나라는 칠레입니다. 1998년 11월 협상을 개시한 이래 2002년 10월 협상이 타결되기까지는 4년이 걸렸습니다. 칠레가 세계 과실 수출시장에서 포도 1위, 자두 2위, 사과·배·키위 3위, 복숭아 5위를 차지할 정도로 과실 생산의 강국이어서 국내 농가의 반발이 예상 외로 컸기 때문입니다. 정부도 곤욕을 치뤘지만, 농업인들도 FTA가 우리 농업에 얼마나 큰 영향을 미칠 것인지를 새롭게 인식하게 된 계기가 됐습니다.

FTA는 서로 관세를 철폐해 국가간 교역을 확대하자는 것이 주목적입니다. 그러나 국가마다 경쟁력이 있는 산업이 있는 반면 그렇지 못한 분야도 있게 마련입니다. 우리 농업의 경우 타 산업에 비해 아직은 국제 경쟁력이 취약하기 때문에 많든 적든 FTA로 인해 피해를 볼 수밖에 없습니다.

칠레와의 FTA는 국회 비준을 거쳐 2004년 발효됐습니다. 이어 2006년에는 싱가포르와 EFTA(스위스·노르웨이·아이슬란드·리히텐슈타인)과 협정이 발효됐고, 아세안과는 2007년 협정이 발효된 상태입니다. 칠레를 제외하면 이들 국가들은 우리 농업에 별로 영향이 없어 큰 문제가 되지 않고 있습니다.

문제는 올 7월 13일 타결된 EU와의 FTA와 2007년 4월 전격적으로 타결된 한·미 FTA입니다. 미국과의 FTA는 농업뿐만 아니라 우리나라 전 산업에 엄청난 영향을 미칠 수밖에 없어 지금까지도 국회비준을 받지 못하고 있습니다. 미국도 자동차를 비롯한 몇몇 분야의 재협상을 시사하고 있고, 특히 농업 분야에서는 30개월 이상의 쇠고기 수입 허용도 거론하고 있습니다.

현재 협상 타결이 임박한 것으로 알려진 FTA는 캐나다·인도 등입니다. 인도와는 사실상 협상이 마무리된 상태고, 캐나다는 쇠고기·돼지고기 등 주요 관심 품목을 한·미 FTA 수준으로 개방해 줄 것을 요구하고 있어 쟁점이 되고 있습니다.

협상 초기 단계에 있는 나라는 멕시코(2007년 12월 협상 개시)와 걸프협력이사회(사우디·아랍에미리트·카타르·쿠웨이트·오만·비레인, 2008년 7월 협상 개시) 등입니다. 일본과는 2003년 협상이 개시됐으나 일본이 농산물 시장개방에 소극적이어서 현재 중단된 상태입니다만 협상재개 논의가 진행되고 있습니다. 페루와는 지난해 8월 협상이 개시됐고, 이번에 호주·뉴질랜드와 협상이 시작되면서 우리나라는 말 그대로 동시다발적인 FTA를 추진하고 있습니다. 중국과는 협상 개시를 위한 산관학 공동연구가 진행 중입니다.

047 FTA 협상에서 드러난 한국과 일본의 차이

Speech 100

> **핵심 내용**　칠레는 한국과 일본 모두 자유무역협정(FTA)이 발효 중인 나라다. 문제는 우리의 경우 칠레와의 FTA 협상에서 농산물 시장의 98.5%를 개방한 반면 일본은 64.1%만 개방했다는 것이다.

일본은 2009년 3월 현재 9개국(싱가포르·멕시코·말레이시아·칠레·태국·인도네시아·브루나이·아세안·필리핀)과 자유무역협정(FTA)이 발효 중에 있습니다. 베트남·스위스와는 협정 체결 단계에 있고, 인도·호주와는 협상 중입니다. 우리나라와는 2004년 11월 6차 협상 이후 중단된 상태입니다.

일본과 FTA가 발효 중인 9개국 중 아세안을 제외한 8개국의 협상 내용을 분석한 자료를 보면 농업보호 의지에서 우리와 큰 차이가 있음을 보게 됩니다.

가장 단적인 예가 칠레입니다. 칠레는 우리와도 FTA가 발효 중이기 때문입니다. 일본은 칠레와의 FTA에서 농산물은 35.9%를 제외하고 64.1%만 개방했습니다. 관세를 전혀 내리지 않으면서 저율관세할당(TRQ) 물량도 내주지 않았습니다.

반면 우리나라는 전체 농산물 1,432개(HS 10단위 기준) 중 쌀·사과·배 등 21개 품목(1.5%)만 예외를 인정받았습니다. 말이 21개 품목이지 쌀과 관련된 19개 품목을 제외하면 결국 쌀·사과·배가 전부입니다. 이 중 쌀은 칠레 입장에서는 생산도 미미하고 수출도 하지 않으니 별로 아쉬울 것이 없는 품목입니다.

칠레와의 협상에서 우리는 쌀·사과·배를 빼고 98.5%를 개방했는데 일본은 64.1%만 빗장을 열었다는 것은 FTA 체결을 위해선 농산물 시장의 대폭적인 개방이 불가피하다고 해온 우리 정부의 일관된 논리를 무색케 하는 대목입니다.

일본은 칠레뿐만 아니라 FTA협정이 발효 중인 다른 8개국에 대한 농축산물 시장개방 폭도 평균 60.1%에 불과합니다.

일본이 FTA 협상에서 가장 보호하고 있는 품목은 육류와 낙농제품입니다. 이는 상대적으로 취약한 축산업을 고려한 것으로 해석됩니다. 특히 우유와 낙농조제품·달걀·천연꿀 등의 개방 폭은 11.8%에 불과합니다.

일본이 FTA를 체결한 나라들은 대부분 개도국으로, 이들의 주 생산품이 농수산물임에도 농산물 시장의 개방 폭을 최소한했으니 일본의 협상력이 우리보다 한 수 위라는 평가를 받을 만합니다.

일본의 농업보호 의지를 가늠할 수 있는 또 다른 잣대는 현재 진행 중인 호주와의 협상 결과입니다. 호주는 자타가 공인하는 농축산물 수출국인데 일본이 지금처럼 농산물 시장의 60% 수준만 개방할 수 있을 것인가 하는 점입니다. 일본과 호주와는 7차례 협상이 이뤄졌으나 농산물 시장개방 폭을 놓고 지금도 난항을 겪고 있습니다.

048 쌀 조기 관세화 개방의 이해득실

Speech 100

> **핵심 내용** 우리나라는 오는 2014년까지 쌀에 대해 관세화 유예조치를 인정받았다. 그러나 최근 들어서는 그 이전에 쌀 시장을 개방하는 것이 유리하다는 주장이 제기되고 있다.

지난 우루과이라운드(UR)협상에서 우리나라는 쌀 시장을 개방하지 않는 대신 2004년까지 10년간 매년 의무적으로 외국쌀을 사 주기로 했습니다. 이렇게 해서 들어오는 외국쌀을 최소시장접근(MMA) 물량 또는 의무수입 물량이라고 합니다. 이후 2004년 쌀 재협상을 통해 2014년까지 이러한 조치를 또 다시 10년간 연장받아 지금 시행 중에 있습니다. 2004년 쌀 재협상에서 우리나라는 쌀 시장을 개방하지 않는 대가로 2005년 22만5,575t을 시작으로 매년 MMA 물량을 늘려 2014년에는 40만8,700t을 사 주기로 약속한 것입니다. 2014년에 수입해야 할 MMA 물량은 1988~1990년 쌀 소비량의 7.966%라고 합니다. 그런데 매년 쌀 소비량이 감소하는 것을 감안하면 실제로는 12% 정도가 될 것이라고 합니다.

문제는 2014년 이후에는 쌀시장을 개방해야 하고, 쌀 시장을 개방하더라도 개방 직전 연도의 MMA 물량을 영구히 들여와야 한다는 것입니다. 예를 들어 2015년에 개방하면 MMA 물량은 40만8,700t이지만 2010년에 개방을 할 경우에는 30만6,964t이 됩니다. 결국 쌀 시장 개방이 늦어질수록 MMA 물량 부담이 커지고, 이것이 우리 당대뿐만 아니라 다음 세대도 물려받게 될 짐이 된다는 측면에서 가급적 빨리 관세화를 통해 개방을 하자는 이야기가 나오고 있는 것입니다.

쌀 시장을 개방하는 것을 '관세화 개방'이라고 표현하는데, 쌀 시장을 처음 개방할 때는 국제가격과 국내가격의 차이를 관세로 부과할 수 있기 때문입니다. 우리가 현 시점에서 관세화 개방을 할 경우 대략 400% 내외의 고율관세를 부과할 수 있을 것으로 전문가들은 분석하고 있습니다.

올 들어 쌀 시장의 관세화 개방 논의가 활발해지고 있는 것은 2~3년 전만해도 1t당 300~400달러 수준이던 국제 쌀값이 1,000달러 이상으로 폭등했고, 또한 달러화 강세 영향으로 쌀 시장을 개방하더라도 국내 쌀값보다 비싸진다는 계산이 섰기 때문입니다. 한 연구기관의 분석에 따르면 국제 쌀값이 1t당 400~750달러로 하락하고 환율이 1,100원에 안정된다 해도 2019년까지 외국쌀이 수입되지 않을 것이라고 합니다. 또한 2010년에 관세화 개방을 할 경우 10년간 MMA 쌀을 사오는 비용을 2,000억~4,000억원 절감할 수 있다고 합니다.

그러나 문제도 있습니다. 농업인들은 아직도 쌀 시장 개방에 강한 거부감을 갖고 있고, 쌀 시장이 개방되면 정부가 쌀 농업에 대한 지원을 줄일 것이란 우려를 하고 있습니다. 또한 개도국 지위를 잃게 될 수 있다는 지적도 있습니다.

049 도농간 소득격차와 농가소득 양극화

Speech 100

핵심 내용　2007년 농가의 평균소득은 도시근로자 소득의 72.5%밖에 안 된다. 또한 상위 20% 농가의 소득이 하위 20% 농가의 10배가 넘을 정도로 농가간 소득 양극화 현상도 심화되고 있다.

2007년 농가 가구당 평균소득은 3,196만7,000원입니다. 이는 전년에 비해 33만6,000원이 줄어든 것입니다. 농가소득이 줄어든 가장 큰 원인은 농축산물 값의 하락으로 농업소득이 2006년 1,209만2,000원에서 2007년 1,040만6,000원으로 13.9%(168만6,000원)나 감소했기 때문입니다. 농가소득에서 농업소득이 차지하는 비율은 32.6%입니다. 2006년까지만 해도 농업소득이 농외소득보다 높았으나 2007년의 경우에는 농외소득의 비율이 34.7%로 농업소득보다 높아진 것도 하나의 특징입니다.

도농간의 소득을 비교하면 농가소득은 도시근로자 소득의 72.5%에 불과합니다. 도시근로자가 1,000원을 벌면 농업인은 725원의 소득밖에 못 올리니 농가살림이 궁핍해질 수밖에 없습니다.

영농 형태별로 보면 화훼농가의 평균소득이 5,292만1,000원으로 가장 높았던 반면 쌀농가의 소득은 2,414만3,000원으로 가장 낮았습니다. 농가의 51%를 차지하는 쌀농가의 소득은 전체 농가 평균소득의 75.5%밖에 안 되는 것입니다.

농가 경영주의 연령이 젊을수록 소득이 높은 것은 어쩌면 당연한 일입니다. 40세 미만인 젊은 농업인의 평균소득은 5,488만7,000원이나 70대 이상의 고령 농업인의 소득은 2,080만6,000원으로 큰 차이를 보였습니다. 지역별로는 경기(4,312만7,000원), 제주(4,118만9,000원)가 상위에 랭크됐고, 그 다음이 충남(3,537만7,000원) 충북(3,153만7,000원) 강원(3,032만3,000원) 순입니다. 그 밖에 전북(2,951만1,000원) 경남(2,909만3,000원) 전남(2,754만5,000원) 경북(2,726만9,000원)은 상대적으로 농가소득이 낮았습니다.

도시민에 비해 농업인의 소득이 낮은 것도 문제지만 농가간의 소득 격차가 매년 크게 벌어지고 있는 것도 심각합니다. 소득이 높은 상위 20% 농가의 연간수입은 하위 20% 농가보다 10.3배나 많습니다. 이는 2006년의 9.1배보다도 더 벌어진 것입니다. 농가간의 소득 양극화 현상은 부익부(富益富) 빈익빈(貧益貧)이라는 농업 내부의 사회적 갈등과 상대적 박탈감을 심화시키는 요인으로 작용합니다.

또한 상위 20% 농가의 소득은 도시의 상위 20% 가구 소득의 90.8%에 달해 큰 차이를 보이지 않습니다. 그러나 하위 20% 농가의 소득은 도시의 하위 20% 가구 소득의 47.9% 밖에 안 됩니다.

특히 연간소득이 1,000만원도 안 되는 빈농이 크게 늘어나고 있는 것도 주목할 만한 일입니다. 2003년 전체 농가의 59%였던 소득 1,000만원 이하의 농가는 2007년 62.1%로 늘어났습니다.

050 유전자 변형 농산물 (GMO)의 실체(1)

Speech 100

> **핵심 내용** 유전공학을 이용해 사람에게 유용한 유전자를 넣거나 필요 없는 유전자를 제거하는 방식을 유전자 변형(GM)이라 하고, 이렇게 만든 신품종을 유전자 변형 농산물(GMO)이라고 한다. 문제는 GMO가 인체나 생태계에 부정적 영향을 미칠 수 있다는 우려가 계속 확산되고 있다는 점이다.

새로운 품종을 육성하는 전통적인 방법은 교배육종이나 돌연변이를 이용한 품종개량입니다. 품종개량은 같은 종(種)의 동식물을 반복적으로 교배하는 과정에서 좋은 품종이 나타날 것을 기대하는 것입니다. 그러나 최근 우려를 사고 있는 유전자 변형 농산물(GMO)은 인간이 필요한 유전자를 선택해 동식물에 직접 넣는 유전자 조작 기법을 사용한다는 점에서 차이가 있습니다.

품종개량이 자연적이고 우연적인 방법으로 유전자가 변형되는 것이라면, GMO는 인위적인 방법이라고 할 수 있습니다. GMO에는 서로 교배가 되지 않는 동식물의 유전자도 인공적으로 조작해 넣을 수 있고, 이 때문에 '신의 영역을 침범한 위험한 시도'라는 비판을 받고 있는 것입니다.

예를 들어 토마토와 넙치는 자연 상태에서는 절대로 교배가 될 수 없습니다. 그러나 '얼지 않는 토마토'는 추위에 강한 넙치의 유전자를 토마토에 넣어 만든 것입니다.

GMO가 상업적으로 처음 개발된 것은 1994년 미국 칼젠사가 만든 무르지 않는 토마토입니다. 이어서 1996년 미국 몬산토사가 제초제에 강한 콩을 출시하면서 GMO에 대한 관심이 집중됐고, 안전성 문제가 본격적으로 대두됐습니다.

몬산토사는 세계적인 다국적 농화학 기업입니다. 몬사토사는 '라운드 업'이라는 제초제를 생산하는데, 유전자 조작 기법으로 이 제초제를 뿌려도 죽지 않는 '라운드 업 레디'라는 콩 종자를 개발한 것입니다. 이는 콩에는 없는 제초제에 강한 유전자를 콩 속에 넣은 것입니다. 농가의 입장에서는 몬산토 콩을 재배하면 모든 잡초를 죽일 수 있는 강력한 제초제인 '라운드 업'을 마음 놓고 뿌릴 수 있다는 장점이 있습니다. 몬산토사로서는 제초제와 콩 종자를 묶어 팔 수 있으니 일석이조라고 할 수 있습니다.

이러한 장점 때문에 세계적인 다국적 농기업들이 다투어 GMO 개발에 나섰고, 스위스 노바티스사가 충해에 내성을 지닌 '비티 옥수수'를 내놓으면서 본격적인 GMO 시대를 열었습니다. 현재 미국 내에서 특허를 받은 GMO 품종은 옥수수·콩·토마토·감자 등 39개이고, 전 세계적으로는 80종이 넘는 것으로 알려지고 있습니다. 재배 면적도 크게 늘어나 2006년에 1억ha를 돌파한 것으로 나타나고 있습니다. 우리 논 면적이 100만ha가 채 안 되는 것과 비교하면 엄청난 면적임을 알 수 있습니다. 그러나 우리나라는 안전성에 대한 국민의 우려로 GMO의 재배와 유통을 허용하지 않고 있습니다.

051 유전자 변형 농산물 (GMO)의 실체(2)

Speech 100

핵심 내용 유전자 변형 농산물(GMO)에 대한 논란의 핵심은 안전성이다. GMO를 개발한 다국적 농기업이나 미국은 인체나 환경에 유해하다는 과학적 근거가 없다고 하는 반면 유럽연합(EU)이나 시민단체·일부 과학자들은 인류를 파멸로 몰고 갈 수도 있는 위험한 식품이라고 반박하고 있다.

유전자 변형 농산물(GMO)에 대한 안전성 논란은 지금도 진행 중입니다. 자연의 섭리에 따라 서로 교배가 가능한 같은 종(種) 간의 유전자 조작은 문제가 될 것이 없습니다. 그러나 종이 다른 동물이나 식물, 더 나아가 동물과 식물의 유전자가 결합했을 경우 어떤 부작용이 일어날지는 누구도 장담할 수가 없다는 것이 GMO를 거부하는 주된 이유입니다.

'미국이 감추고 싶은 50가지 비밀' 이란 책에는 이런 내용이 있습니다. "토마토 유전자와 물고기 유전자를 합한 식품, 개구리 유전자가 포함된 콩, 뱀과 원숭이의 유전자가 짬뽕이 된 옥수수, 이렇듯 서로 다른 종의 배합으로 이뤄진 농산물과 (이를 원료로 한) 식품이 앞으로 어떤 부작용을 일으킬지는 아무도 장담할 수 없다."

지금까지 학계에 보고 된 GMO의 부정적 사례는 적지 않습니다.

- GM 옥수수의 꽃가루를 먹은 나비 유충이 집단적으로 죽었다. (영국)
- 살충제에 강한 유전자가 들어간 콩이 실험쥐의 간과 췌장에 심각한 영향을 미쳤다. (이탈리아)
- 유전자 조작 콩을 먹인 어미쥐가 낳은 새끼쥐의 사망률이 일반 쥐보다 무려 6배나 높았다. (러시아)
- 유전자 조작 식품이 폐기관을 손상시킨다는 연구 결과가 나오자 호주 정부는 10년간 계속된 GM 완두콩 실험을 중단시켰다.

이러한 실험실의 연구 결과 외에도 GMO를 가장 많이 재배하고 있고 어떤 규제도 하지 않고 있는 미국의 경우 최근 들어 식품 알레르기가 급속하게 늘어나고 있다고 합니다. 미국인 1,100만 명이 식품 알레르기로 고생하고 있고, 매년 150~200명이 사망하고 있다고 합니다. 미국에선 최근 10년 사이에 수십 개의 새로운 알레르기가 나왔고, 또 신종 알레르기가 끊임없이 생성되고 있는 것도 GMO와 연관이 있는 것이 아니냐는 의혹이 일고 있습니다.

우리나라의 경우 GM 농산물의 재배와 유통을 엄격하게 규제하고 있으나 식품의 경우는 규제의 강도가 아주 느슨합니다. 일반 농산물은 GM 농산물이 3% 이상 들어 있을 경우 이를 표시토록 하고 있는 반면 식품의 경우는 표시를 하지 않아도 됩니다. GM 콩과 옥수수가 간장·과자류·전분류 등 식품 원료로 광범위하게 사용되고 있는 것을 감안한다면 '소비자의 알 권리'를 위해 제도 보완이 필요하다고 하겠습니다.

052 식품안전 위협하는 수입 농산물

Speech 100

핵심 내용 농산물 시장개방이 확대되면서 수입 농산물의 안전성에 대한 국민의 우려도 높아지고 있다. 특히 중국산 농수산물은 잇따라 유해 물질이 검출되면서 전 세계적으로도 기피 식품이 되고 있다. 그럼에도 지리적으로 가깝고 값이 저렴하다는 이유로 중국산 농수산물 수입이 급증하고 있는 것이 문제다.

발암성 물질이 검출된 장어 양념구이, 농약 성분이 나온 인삼과 한약재, 분유와 과자류에 광범위하게 사용된 멜라민, 천식 치료제가 섞인 냉면 육수, 쇳가루와 농약이 함께 나온 고춧가루, 세균이 득실거리는 냉동 골뱅이 등등 말만 들어도 혐오감이 드는 이런 농수산물과 식품의 원산지는 중국입니다.

농산물 시장개방이 확대되면서 농산물 수입도 급증하고 있는 것은 안타깝지만 어쩔 수 없는 일입니다. 그러나 안전성에 문제가 있다면 국민 건강을 위협하는 일이기 때문에 결코 용납할 수 없습니다. 중국의 농수산물과 식품은 값이 싸다는 이점이 있으나 허술한 위생관리와 과다한 농약 사용 등으로 전 세계적으로도 기피 대상이 되고 있습니다. 미국 등 선진국에서는 차이나 프리(China Free : 중국 제품을 안 씀)라는 말이 나올 정도로 거부감이 강합니다. 일본에서는 농약

만두 사건이 터져 양국간 심각한 외교문제가 되기도 했습니다.

불량 수입 농산물과 식품이 들어오지 않게 하려면 검역이 철저해야 하는데 우리나라의 경우 안전성 검사나 검역체계가 미흡하다는 데 문제가 있습니다. 수입식품의 안전성 검사에서 서류 검사 비율은 70%에 달하고 있습니다. 서류만 보고 통관이 되는 것입니다. 언론 보도에 따르면 서류 검사를 통과하기 위해 위조된 '식물검역 증명서' '훈증 증명서'가 공공연하게 이용되는 경우도 있다고 합니다. 특히 불시에 정밀 검사를 실시해 감시 효과가 큰 무작위 검사 비율은 고작 2~3%에 불과합니다. 서류 검사의 허점을 보완할 수 있어 20~30%까지 끌어올린다는 것이 정부의 방침이라고 하는데 언제 실현될지는 요원한 실정입니다. 또 문제가 터진 뒤의 대처 방식에도 허점은 많습니다. 식품의약청의 자료에 의하면 2005~2007년 상반기 중 부정·불량 수입식품의 회수율은 13.9%로 미국의 36%에 비해 크게 떨어지는 것으로 나타났습니다. 2007년 문제가 된 발암물질이 검출된 중국산 장어의 경우 회수율은 고작 1%였습니다.

중국산만이 문제가 아닙니다. 지난해에는 미국산 유기농 냉동채소 제품에서 생쥐로 추정되는 이물질이 발견돼 충격을 준적도 있습니다.

수입 농산물은 먼 거리를 유송하기 때문에 수확 후에 농약을 치는 것이 관례가 되어 있습니다. 특히 밀이나 콩 등 곡물류의 경우 잔류 농약의 위험이 큰 것으로 알려지고 있습니다. 수입 농산물에 대한 철저한 검역 강화는 국민 건강을 위해 아무리 강조해도 지나치지 않은 일입니다. 또한 무분별한 농수산물의 수입을 막아 우리 농가를 보호하는 효과도 있습니다.

053 심각한 '성장과 소득의 괴리' 현상

핵심 내용 농업투자 확대로 생산성은 확대되는데도 농가소득은 오히려 줄어드는 현상을 '성장과 소득의 괴리'라고 한다. 이 같은 현상의 결과물은 농가부채의 증가다. 개방 확대와 생산성 향상이 맞물려 제값을 받기 어려운 시장구조가 형성된 것이 가장 큰 원인이다.

우리 농민의 가슴에 대못을 박는 말 중의 하나가 "농업투자는 밑 빠진 독에 물 붓기" "농산물 값이 물가 상승의 주범"이라는 이야기입니다. 농업에 막대한 예산을 퍼부어도 농가부채만 늘어나고, 농민들은 정부 보조금에만 의존하려고 한다는 비판도 서슴지 않습니다. 그러나 이 같은 주장들은 문제의 본질을 정확하게 보지 못한 일방적인 편견에 불과합니다.

정부는 1998년까지 42조원이 투입된 구조개선사업과 1995년부터 2004년까지 투자된 15조원의 농특세 사업을 묶어 57조원을 투자했습니다. 이어 2004년부터 10년간 119조원을 투자하는 계획이 수립돼 나름대로 많은 투자를 하고 있다는 것이 정부 측의 설명입니다. 그럼에도 불구하고 농업소득은 오히려 뒷걸음질치고 있고, 농가경제가 악화되고 있는 것이 엄연한 현실입니다.

본격적인 농업투자가 이뤄지기 전인 1986~1990년의 평균 농업성장률은 마이너스 0.9%였습니다. 같은 기간 농가의 농업소득은 6.2% 늘었습니다. 그러던 것이 농업투자가 본격화하면서 1994~1999년 사이엔 농업성장률이 3.2%로 높아졌습니다. 반면 농업소득 증가율은 마이너스 3%를 기록했습니다. 1995~2005년의 농업생산성 증가율은 1.01%, 부가가치 성장률은 1.35%로 생산성과 부가가치가 동시에 높아졌으나 농업소득 증가율은 마이너스 3.26%를 나타냈습니다.

이같이 농업투자를 바탕으로 일궈낸 농업성장이나 생산성 향상이 농가소득과 직결되지 못하는 현상을 농업경제학자들은 '성장과 소득의 괴리'로 설명합니다. 이 같은 현상의 결과물은 농가부채의 증가입니다. 1996년 1,100만원에 불과하던 농가부채는 2001년 2,000만원 수준으로 늘어났고, 지난해에는 3,000만원을 넘어섰습니다.

'성장과 소득의 괴리' 현상의 주요인은 농산물 값의 하락입니다. 농업투자 확대로 생산성이 높아지는 것과 동시에 농산물 시장의 개방 확대가 맞물리면서 제값을 받기 어려운 시장구조가 형성된 것입니다. 그 과정에서 농업투자 확대의 과실(果實)은 값싸게 농산물을 구입한 소비자의 몫으로 돌아갔습니다. 투자를 한 농민들은 빚을 짊어진 반면 소비자들은 풍요로운 식탁을 저렴하게 즐기는 혜택을 누렸다면 농업투자에 대한 사회적 인식도 바뀌어야 마땅합니다. 농업투자는 결코 헛돈이 아니라 물가안정에 기여했고, 농업성장을 통해 국민경제에 이바지했다고 평가돼야 합니다. 아울러 농가소득을 보전하는 정책은 더욱 확대돼야 하고, 농업투자의 방향이 기업화·규모화를 통한 경쟁력 향상 일변도인 것도 재고되어야 합니다.

2

주제별 스피치

4장_농업의 블루오션

054 기후 온난화 시대와 농업의 가치

Speech 100

> **핵심 내용** 2005년 세계경제포럼이 발표한 환경지속성 지수를 보면 우리 나라는 146개국 중 122위, OECD 국가 중 29위로 최하위권을 기록했다. 이는 무분별한 농지전용과 도시화로 우리 환경이 급격히 악화되고 있음을 뜻한다.

농촌진흥청이 도시지역 25곳과 농촌지역 24곳을 대상으로 1973년부터 2007년까지 34년간 평균기온 변화를 조사했는데, 도시지역은 총 누적 상승온도가 1.23℃인 반면 농촌지역은 0.81℃, 산간지방은 0.63℃로 나타났습니다. 같은 기간 중 세계 평균은 0.73℃였으나 한반도 평균은 0.95℃로 우리나라의 기후 온난화가 빠르게 진행되고 있고, 농촌보다는 도시가 더 심각한 것을 알 수 있습니다. 이는 우리나라의 환경 자정능력이 급속히 약화되고 있음을 뜻합니다.

평균기온의 상승은 기상이변과 자연재해·생태계 교란 등으로 나타납니다. 겨울철의 이상난동, 비가 내리지 않는 마른장마, 여름철에 집중되는 강수량, 장마 이후에 쏟아지는 폭우로 인한 홍수피해 등이 모두 기후 온난화 현상과 관련되어 있다고 합니다.

실제로 지난 10년간 연간 강수량은 1,470㎜로 평년 대비 10%가 증가했습니다. 그런데 1970년대에는 여름에 내리는 비가 겨울보다 4.5배 많았으나 2000년대에는 6.3배로 1.4배가 높아져 여름철 홍수피해가 매년 커지고 있습니다.

2005년 세계경제포럼이 우리나라의 환경지속성 지수를 최하위권 (세계 146개국 중 122위, OECD 국가 중 29위)으로 분류한 것은 주목할 만한 일입니다. 우리의 환경파괴가 앞으로도 지금과 같이 지속될 경우 엄청난 재앙을 불러올 것이란 경고이기 때문입니다.

농촌진흥청은 농지의 무분별한 전용을 평균기온 상승의 주요한 원인으로 지목합니다. 우리의 국토면적은 간척사업 등으로 1970년 이후 11만1,000ha가 늘어났으나, 농경지 면적은 오히려 46만2,000ha가 줄었습니다. 지난 30년간 매년 1만6,853ha의 농경지가 사라지면서 세계에서 가장 빠르게 온난화가 진행되는 나라가 됐다는 것입니다.

논과 밭은 식량생산이라는 고유의 역할 이외에도 부수적으로 환경을 유지·보호하는 다원적 기능을 갖고 있습니다. 이를 경제가치로 환산하면 연간 논은 56조3,994억원, 밭은 11조2,638억원으로 합하면 67조6,632억원에 달합니다.

이를 좀더 자세히 살펴보면 ▲홍수조절 (논)44조3,149억원/ (밭) 7조2,215억원 ▲수자원 함양 (논)1조7,694억원/ (밭)528억원 ▲대기정화 (논)7조1,845억원/ (밭)2조7,435억원 ▲기후순화 (논)1조3,260억원/ (밭)4,850억원▲수질정화 (논)2,977억원 ▲토양보전 (논)1조5,069억원/ (밭)7,610억원 등입니다.

※ 환경지속성 지수 : 현재의 환경·사회·경제 조건을 바탕으로 지속가능한 성장을 할 수 있는 국가 역량을 계량화해서 비교하는 국제평가지수

055 농업의 새로운 화두 '저탄소 녹색성장'

Speech 100

> **핵심 내용** 녹색성장(Green Growth)은 환경오염과 온실가스를 최소화하면서도 신성장동력과 일자리를 창출하고 경제성장을 이루는 새로운 국가발전 패러다임을 뜻한다.

온도와 해수면 상승, 기상재해 빈발, 생태계 변화 등 이상기후 현상이 심각해지면서 범세계적으로 지구 온난화의 주범인 온실가스 배출량을 줄이기 위한 대책 마련에 부심하고 있습니다. 유럽과 일본 등은 교토의정서를 통해 할당받은 온실가스 감축목표를 이행 중이며, 우리나라도 2013년부터 온실가스 감축의무를 이행해야 합니다.

우리나라의 온실가스 총 배출량은 5억9,110만t으로 매년 4.7%씩 늘어나고 있습니다. 세계적으로는 10번째로 온실가스를 많이 배출하는 나라라고 합니다.

이 가운데 농업분야에서 배출되는 온실가스는 1,470만t으로 전체 배출량의 2.5% 정도인데 매년 0.5%씩 감소하고 있습니다.

농업분야에서 배출되는 온실가스는 논농사에서 46%, 논·밭에 뿌리는 질소비료에서 14%, 축산 쪽에서 40%정도가 나온다고 합니다.

축산은 가축의 생리적 가스배출과 가축분뇨의 분해 과정에서 나오는데 그 양은 거의 비슷합니다. 배출되는 가스는 메탄이 68.7%, 아산화질소가 31.3%라고 합니다.

농림업은 기본적으로 국토이용 면적 대비 온실가스 배출량이 적은 친환경적 산업이고, 농촌은 환경부하를 줄이고 삶의 질을 높일 수 있는 생활공간입니다. 따라서 '저탄소 녹색성장'은 농업·농촌의 새로운 성장동력이 될 수 있습니다. 실제로 산업적으로 이용하는 바이오매스 자원(연간 228만5,000t)의 84.5%가 농림업 쪽에서 제공되고 있다고 합니다.

농축산업이 '저탄소 녹색성장'을 주도하는 산업으로 전환되기 위해서는 친환경 농업과 친환경 축산이 확대되어야 합니다. 이를 위해서는 질소비료를 유기질 비료로 대체하는 것이 가장 효과적입니다. 질소질 비료를 시비하면 탄산가스보다 310배나 많은 온실효과가 발생하는 아산화질소가 나오기 때문입니다. 아울러 농업에서도 화석연료를 가급적 적게 쓰는 에너지절감 기술이 개발되어야 합니다.

주목할 것은 미국과 일본에서 전략적으로 추진하고 있는 농경지의 이산화탄소 흡수 기능을 상업화하는 일입니다. 최근의 연구 결과에 따르면 무경운 재배의 경우 연료절약과 유기물 분해 억제를 통해 토양 속에 이산화탄소를 저장할 수 있다고 합니다. 미국에서는 탄소를 사고파는 거래시장(시카고 기후거래소)이 있는데 여기서 농경지의 토양 탄소 흡수와 관련해 상당한 양이 거래되고 있다고 합니다. 이러한 제도가 도입될 경우 농민에게는 새로운 소득원이 생기는 것이고, 앞으로 농업 분야의 신성장동력이 될 것으로 기대됩니다.

20세기는 '석유의 시대'
21세기는 '물의 시대'

Speech 100

> **핵심 내용** 세계미래회의는 2008년 "20세기가 석유의 시대라면 21세기는 물의 시대가 될 것"이라며 물 부족의 심각성을 경고했다.

지구 표면은 71%가 물로 덮여 있습니다. 지구상의 물의 양은 13억 8,500만㎦ 정도로 추정되나 이 중 바닷물이 97.5%입니다. 바닷물은 식수로 사용이 불가능하고, 2.5%의 민물도 그대로 사용할 수 있는 것은 아니라고 합니다. 민물 중 68.9%는 남극과 북극의 빙하, 또는 고산지 만년설 형태이고, 29.9%는 지하수로, 0.9%는 토양 및 대기 중에 존재한다고 합니다. 우리 인간이 손쉽게 쓸 수 있는 하천이나 호소의 민물은 0.0075% 정도라고 하니 실감이 나질 않습니다.

지난 50년간 세계 인구는 2배로 늘었습니다. 이 기간 동안 물 사용량은 6배나 증가했습니다. 그 결과 전 세계 인구의 40%가 물 부족에 시달리고 있고, 안전한 식수 부족으로 고통을 당하는 인구가 10억 명에 달한다고 합니다. 유엔개발계획(UNDP)은 "매년 어린이 1,800만 명이 오염된 물로 인해 전염되는 설사병 등으로 사망하고 있다"고

발표했습니다. 2000년 60억명이던 세계 인구는 2025년 80억명, 2050년에는 93억명이 될 것이라고 합니다. 유엔환경계획(UNEP)은 2020년까지 물 사용량이 지금보다 40% 증가하고, 2025년에는 인구의 66%가 물 부족 국가에서 살게 될 것이라고 예측했습니다.

물 부족은 우리나라도 예외는 아닙니다. 연평균 강수량은 1,470㎜로 세계 평균의 1.4배이지만 높은 인구밀도 때문에 1인당 평균 강수량은 1,512㎥로 세계 평균의 12.5%에 불과합니다. 그래서 유엔(UN)은 우리나라를 '물 부족 국가'로 분류하고 있습니다. '물 부족 국가'란 1인당 가용 수자원량이 1,700㎜ 이하로 수자원 개발 없이 자연 하천수에 물 공급을 의존할 경우 광범위한 지역에서 물 공급에 만성적인 문제가 발생하는 나라를 말합니다.

우리나라의 강수량을 연간 총 수자원의 총량으로 환산하면 1,276억㎥이지만, 74%는 바다로 흘러가고 26%인 331억㎥만 이용이 가능하다고 합니다. 이 중 48%인 158억㎥가 농업용수로 이용됩니다. 수자원의 절반 정도가 농업용으로 이용되고 있는 것입니다.

따라서 물은 곧 농업의 문제이고 물 없는 농사는 생각할 수 없는 것입니다. 최근의 세계적인 식량위기도 물 부족으로 인한 농지의 사막화가 주요한 원인이 되고 있습니다. 쌀 수출국이던 호주가 극심한 가뭄으로 쌀 생산을 포기하고 있는 것이 대표적인 예입니다.

물은 인간뿐만 아니라 모든 동식물의 생명의 근원입니다. '물을 물 쓰듯 하던 시대'는 이미 지나갔습니다.

■ "물 문제를 해결하는 사람은 두 개의 노벨상, 즉 노벨 평화상과 과학상을 받을 것이다." _ 존 F. 케네디

057 확산되는 슬로푸드 운동

Speech 100

> **핵심 내용** 슬로푸드(Slow Food) 운동이란 패스트푸드(Fast Food)를 반대하는 운동이다. 슬로푸드 운동의 지향점은 현대의 속도 문명에 대한 대안을 찾자는 것으로, 환경운동과도 밀접하게 연관된다.

슬로푸드(Slow Food) 운동은 맥도날드 햄버거로 대표되는 패스트푸드에 대한 반대에서 비롯되었습니다. 이 운동은 1986년 맥도날드사가 이탈리아 로마에 진출하자, 맛을 표준화하고 전통 음식을 소멸시키는 패스트푸드의 진출에 대항하여 식사와 미각의 즐거움, 전통 음식 보존 등의 기치를 내걸고 시작되었습니다.

이탈리아에서 시작한 이 운동은 2005년 전 세계 40여개 국에서 7만여 명의 유료회원을 확보한 세계적인 운동으로 발전했습니다.

슬로푸드 운동의 이념을 잘 보여주고 있는 '슬로푸드 선언문'은 1989년 11월 9일 프랑스 파리에서 채택되었습니다.

"기계의 발명과 함께 시작된 산업혁명은 오늘날 기계와 같은 사고방식으로 가득 찬 사회를 만들어냈다. 기계화는 생활 곳곳에 침투하여 우리를 속도의 노예로 만들었다. 속도는 항상 허둥대며 쫓기는 비

합리적인 군중을 만들어 냈고, 그 지배 하에 놓인 우리는 패스트푸드를 먹도록 강요당하고 있다. …〈중략〉… 우리는 슬로푸드 운동을 통해 광기 어린 속도로부터 우리의 삶을 방어해야 하며, 지역의 독특한 맛과 향을 재발견하고, 우리의 삶을 망가뜨리는 패스트푸드를 추방해야 한다."

슬로푸드 운동의 3대 지침은 △소멸 위기에 처한 음식·식료·포도주 등 전통문화 보전 △우수한 품질의 재료를 공급하는 소규모 생산자 보호 △소비자와 미래의 주인공인 어린이와 청소년을 대상으로 한 식(食)교육으로 되어 있습니다.

패스트푸드에 반대하는 슬로푸드 운동은 주로 음식과 관련된 것이지만, 그렇다고 음식에만 국한되는 운동은 아닙니다. 슬로푸드 운동은 여러 사회운동과도 연관되어 있고, 그중에서도 환경운동과 매우 밀접한 관련이 있습니다.

환경의 보전과 관련하여 농업의 유지는 매우 중요한데, 슬로푸드 운동은 이에 대해 매우 중요한 시사점을 제시하고 있습니다.

위기에 처한 우리 농업을 살리는 것과 관련해 슬로푸드 운동에서 주목할 부분은 소규모 농민에 대한 보호입니다. 기업농과 달리 소규모 농가만이 안전하고 친환경적인 농업을 할 수 있다고 보고 있는 것입니다.

또한 어린이와 청소년에 대한 식(食)교육을 강조하고 있는 것도 눈여겨볼 대목입니다. 친환경적인 영농을 통해 생산된 우수한 농산물을 학교의 급식 재료로 써야 한다는 움직임도 슬로푸드 운동과 연관이 있습니다.

058 농촌의 다원성과 어메니티

·········· **Speech 100**

> **핵심 내용** 농촌 어메니티란 농촌 지역의 다양하고 특색 있는 자연이나 인간의 창조물을 의미하고, 자연·경작지의 경관·역사적인 유적·문화적 전통 등을 포함한 개념이다.

어메니티는 라틴어로 '쾌적하다' 또는 '친근하다' 라는 뜻입니다. 경제협력개발기구(OECD)는 농촌 어메니티를 단순히 쾌적한 환경이라는 의미보다는 농촌지역의 정체성을 반영하는 요소로 보고, 사회 구성원에게 휴양적·심미적 가치를 제공하는 자원으로 정의하고 있습니다. 즉 농촌 지역에 존재하는 생물 다양성·생태계·고 건축물·농촌 경관·농촌 공동체의 독특한 문화나 전통 등 농촌 고유의 가치와 정체성을 보여주는 유무형의 자원을 의미한다고 하겠습니다.

일본의 경우는 농촌 지역 특유의 풍부한 자연이나 역사·풍토 등을 통해 얻어지는 여유·윤택함·편안함으로 가득 찬 거주 쾌적성으로 정의를 내리고 있습니다.

농촌 어메니티는 크게 자연자원·문화자원·사회자원으로 구분할 수 있습니다. 자연자원은 깨끗한 공기, 맑은 물, 소음 없는 환경, 비옥

한 토양, 동·식물, 수자원, 습지 등이 포함됩니다. 문화자원은 문화재·유적지와 서당·향교와 같은 전통 건물, 잘 보전된 지역 풍습과 놀이문화 등이 이에 속합니다. 사회자원은 농촌의 자연자원과 문화자원을 배경으로 한 관광농원·휴양단지·민박시설과 지역 특산물이 포함됩니다.

최근 들어 농촌의 어메니티가 농업·농촌의 다원적 기능을 유지하는 중요한 자원으로 인식되면서 이를 활용한 농촌개발이 중요한 정책과제가 되고 있습니다. 농림수산식품부가 추진하고 있는 것만도 농촌마을 종합개발사업·녹색농촌 체험마을·농어촌 휴양단지사업·관광농원·어촌 체험마을 외에 4대강 정비사업과 연계해 구상 중인 금수강촌사업 등이 있습니다. 농진청은 농촌 전통 체험마을·농촌 건강 장수마을을, 산림청은 산촌 생태마을, 문광부는 문화역사마을 가꾸기, 환경부는 자연생태 우수마을, 행안부는 정보화 마을을 지원하고 있습니다. 이밖에 경기도는 슬로푸드 마을, 강원도는 새농어촌건설 마을, 농협은 팜스테이 마을을 지원하고 있습니다.

국민소득의 향상과 주 5일제 확대로 농촌관광 수요는 매년 폭발적으로 늘어나고 있습니다. 2008년 농촌관광을 한 사람은 6,700만명으로 국내 관광수요 5억3,000만명의 13%였습니다. 그러나 오는 2011년에는 농촌관광 수요가 2008년의 배가 넘는 1억4,500만명으로 국내관광 수요의 24%에 달할 것으로 예상되고 있습니다.

농촌이 갖고 있는 어메니티 자원을 잘 가꾸고 보전해 나가는 일은 농촌에 활력을 불어넣고 농가소득 향상과 국토의 균형발전을 이루기 위해 정말 중요한 일입니다.

059 농수산물 지리적 표시제

.... **Speech 100**

> **핵심 내용** 　지리적 표시제란 '이천 쌀' '보성 녹차' '상주 곶감'과 같이 농
> 수산물과 가공품이 특정 지역의 기후와 풍토 등 지리적 요인과 밀접한 관련
> 이 있을 경우 그 특정 지명을 상표로 등록해 사용할 수 있는 제도로, 배타적
> 권리가 인정된다.

예로부터 명성을 이어오고 있는 지역 특산물은 지역 특유의 자연환
경을 바탕으로 오랜 기간 지역 주민의 독특한 농법과 가공기술이 결
합돼 만들어 낸 지역의 공공자산입니다. 따라서 이를 활용한 지역산
업화는 대표적인 지역산업 발전전략 중의 하나입니다.

　그런데 지역과 아무 연관이 없는 외지 업체나 외국 기업이 아무런
제약 없이 지역명을 상표로 이용한다면 지역 특산품을 생산하는 농
어민은 큰 손해를 보게 되고, 소비자들도 혼란을 겪을 것입니다. 지
역의 권리를 도용당하고, 심각한 경제적 손실을 가져다주는 이러한
행위를 막기 위해 도입된 제도가 지리적 표시제입니다. 지리적 표시
제는 지역 특산품을 향토지적재산으로 보고 이를 권리화해 보호하는
제도라고 할 수 있습니다.

　세계적으로 지리적 표시제를 주도하고 있는 나라는 유럽연합(EU)

입니다. 미국과 호주는 농산물과 식품에 지리적 표시제와 원산지 표시제를 적용하는 EU의 시스템은 세계무역기구(WTO) 규정에 어긋난다며 제소를 한 적이 있습니다. 하지만 WTO 패널은 EU의 시스템에 어떠한 하자도 없다는 점을 인정했고, 양국이 제시한 의견의 대부분을 기각했습니다.

이와 같은 결정은 EU가 농특산물에 지역명을 불법적으로 사용하지 못하도록 강력한 보호 체계를 만드는 결정적인 계기가 되었습니다. 현재 EU에는 약 5,000여개의 품목이 지리적 표시제에 등록되어 있습니다. 프랑스는 1900년대를 전후해 신대륙의 포도산업에 밀려 자국산 포도의 가격 폭락과 이에 따른 품질 하락의 악순환을 겪었습니다. 이에 프랑스 정부는 1935년 지리적 표시제를 강화하여 샴페인과 코냑 등 전통적 브랜드의 권리침해 방지에 적극 나섰습니다. 현재 포도·치즈 등 593개의 지리적 표시제 품목들은 연간 20조원의 가치를 창출하고 있습니다.

이탈리아에서도 지리적 표시제는 120억유로의 가치를 창출하여 30만명에게 일자리를 제공하고 있습니다.

우리나라에선 1999년 농산물 품질관리법에 지리적 표시 등록제도의 시행 근거가 마련됐고, 2002년에 등록대상 품목을 고시하면서 본격적인 시행에 들어갔습니다. 2002년 '보성 녹차'를 시작으로 '양양 송이' '괴산 고추' '영양 고추' '서산 6쪽마늘' 등 올 4월 말 현재로 38개 품목이 등록돼 있습니다. 또한 등록을 추진 중인 품목도 상당수 있어 계속 늘어날 것으로 전망됩니다. 지리적 표시 등록을 도와주는 대표적인 곳으로는 (사)향토지적재산본부가 있습니다.

060 급증하는 농촌의 다문화 가정

.... **Speech 100**

> **핵심 내용** 농업인 10명 중 4명은 외국인 여성과 결혼을 한다. 농촌에서 다문화 가정은 더 이상 낯선 풍경이 아니다. 농촌의 이주 여성 농업인은 고령화된 우리 농촌에 활력을 불어넣고 있는 새로운 희망이다.

2007년에 혼인한 남성 농업인 7,930명 중 40%인 3,172명이 외국인 신부를 맞아들였습니다. 얼마 전까지만 해도 국제결혼은 특별한 경우로 인식되었지만 2000년대 들면서 급격히 증가하는 추세를 보이고 있습니다. 이런 추세가 계속된다면 오는 2020년에는 농촌의 여성 결혼이민자 수가 7만4,000명으로 늘어날 것으로 예상되고 있습니다.

2008년 농촌에서 살고 있는 여성 결혼이민자 수는 2만8,240명으로 추산되고 있습니다. 우리나라의 농가와 어가를 합한 농어가 수가 130만호 정도 되니까 현재 농어촌의 100가구 중 2가구 정도가 다문화 가정인 셈입니다.

지역별로는 경기도가 4,661명으로 가장 많고, 그 다음이 전남(4,219명), 경남(3,865명) 순입니다. 다음으로 ▲충남 3,462명 ▲경북 3,402명 ▲전북 2,503명▲충북 2,398명 ▲강원 2,084명 ▲제주 387명

▲특별시와 광역시 1,258명 등입니다.

농촌의 여성 결혼이민자의 연령은 35세 이하가 70%로, 평균연령은 30.6세입니다. 우리나라 여성 농업인의 평균 연령이 62세인 점을 감안하면 이들이 고령화된 우리 농촌에 새로운 활력을 불어넣는 주요한 역할을 하고 있고, 앞으로 우리 농업·농촌을 이끌어갈 주역으로 자리매김을 하고 있음을 알 수 있습니다.

농촌 여성 결혼이민자와 남편과의 연령 차이는 12.6살로 다소 많은 편입니다. 국적별로는 베트남 신부가 45%로 가장 많고, 그 다음이 중국 25%, 필리핀 15%, 캄보디아 6% 등입니다. 이들의 학력은 필리핀 출신의 65%가 대졸로 베트남이나 캄보디아 출신에 비해 학력 수준이 높다고 합니다.

농촌 다문화 가정의 자녀는 1명인 경우가 42.3%로 가장 많고 2명이 28.1%, 3명이 10%인 것으로 나타났습니다. 그러나 이들이 아직 젊기 때문에 평균 2명의 자녀를 출산할 경우 오는 2020년 19세 미만의 농가인구 중 절반 정도가 다문화 자녀가 될 것이라고 합니다.

결혼 생활의 만족도는 남편과 부인 모두 80% 정도로 나타났고, 농촌 여성 결혼이민자의 60%가 농사 경험이 있다고 합니다. 그러나 어려움을 겪고 있는 부분도 적지 않은데 가장 큰 것이 한국어에 익숙하지 않아 의사소통이 잘 안되고 있는 것과 한국, 특히 농촌의 가치관이나 풍습 등 문화적 차이를 극복하는 문제라고 합니다.

다문화 가정은 머지않아 우리 농업과 농촌을 이끌어가는 핵심적 역할을 담당할 것이 분명합니다. 이들이 우리 사회에 잘 적응할 수 있도록 정책적 지원과 주위의 따뜻한 보살핌이 무엇보다 필요합니다.

061 아름다운 도전, 귀농·귀촌

Speech 100

> **핵심 내용** 귀농·귀촌이 우리 사회의 새로운 트렌드로 자리 잡고 있다. 연간 2,000여 가구가 도시에서의 삶을 접고 농촌에서 새로운 희망을 일구고 있다. 귀농·귀촌은 고령화된 농촌의 새로운 활력이다.

최근 들어 귀농·귀촌을 하는 도시민이 크게 늘고 있습니다. 도시의 각박한 삶에 회의를 느낀 사람들이 농촌에서 제2의 인생에 도전하고 있는 것입니다. 지난해 불어닥친 경제위기가 귀농·귀촌 붐에 일조를 한 것이 사실이기는 하지만 지난 IMF 위기 때 일시적으로 증가했던 현상과는 다르다는 것이 전문가들의 분석입니다.

요즘 귀농·귀촌을 결행하거나 준비하고 있는 사람들 중 상당수가 30~40대의 젊은 층입니다. 은퇴를 하고 노후를 텃밭이나 가꾸며 농촌에서 보내려는 귀촌이 주류를 이루었던 몇 년 전과는 판이한 현상이 나타나고 있는 것입니다. 또한 도시에서 사업에 실패하고 농촌을 찾는 사람들보다 잘나가는 전문직에 종사하던 사람들이 귀농·귀촌의 주류를 이루고 있는 것도 과거와 다른 현상입니다. 올해 한국농업대에서 모집한 '경기 귀농·귀촌 학교' 지원자 중에는 대졸 이상의 학력자가 70% 이상이었고, 50명 모집에 259명이 응시해 5.2대 1의 경쟁률을 보였습니다. 천안 연암대의 '귀농 학교'는 25명 모집에 130명이 몰렸다고 합니다. 이 중에는 박사학위 소지자도 있고, 대기업 직원·공무원·디자이너·자영업 사장 등 경력도 다양하다고 합니다.

전국적으로 귀농·귀촌을 하는 가구는 연간 2,000여 가구로 집계되고 있습니다. IMF 위기 때인 1998년(6,409가구)과 1999년(4,118가구)에 비해서는 적지만 당시의 '묻지마 귀농'과는 질적으로 판이하게 다르다는 것입니다.

그러나 귀농하는 사람이 늘고는 있지만 성공적으로 정착하는 비율은 30% 정도라고 합니다. 전문가들은 "귀농을 하겠다는 마음을 먹은 시점부터 최소 몇 년 동안은 준비를 해야 한다"고 조언을 합니다.

지금 우리 농촌은 농가 인구의 격감과 심각한 고령화의 진전으로 활력을 잃고 있는 것이 현실입니다. 따라서 도시민의 귀농·귀촌은 농촌사회에 새로운 활력을 불어넣는 동력이 되고 있습니다. 이들이 성공적으로 농촌에 정착하느냐는 그래서 매우 중요합니다. 정부가 올해 191억원의 추경 예산을 편성해 귀농·귀촌 지원대책을 마련한 것도 이 같은 이유에서입니다.

정부의 귀농·귀촌 대책은 △ 농업 창업자금 지원(2,000만~2억원) △주택 구입자금 지원(2,000만원) △ 빈집 수리비 지원(500만원) △ 귀농 인턴제(월 120만원) △ 귀농인의 집 지원(신축 4,000만원, 보수 2,000만원) △ 귀농 컨설팅 지원(1인당 150만원) 등입니다.

정부의 지원과 별도로 각 지자체에서도 자기 고장에 더 많은 도시민이 들어오도록 갖가지 행정적·재정적 지원을 하고 있습니다.

062 귀농·귀촌 전에 유념해야 할 10계명

Speech 100

> **핵심 내용** 귀농·귀촌은 의욕만으로는 성공할 수 없다. 철저한 준비와 단단한 각오가 필요하다. 귀농·귀촌을 단순히 시골로 이사를 가는 것이 아니라 사회적 이민이라고 표현하는 것도, 지금까지의 삶의 방식을 바꾸고 새로운 환경에 적응해야 성공할 수 있기 때문이다.

일반적으로 귀농·귀촌의 형태는 U턴형·J턴형·I형 3가지라고 합니다. U턴형은 농촌 출신이 도시에 나갔다가 고향으로 돌아오는 것을 말하고, J턴형은 농촌 출신이지만 고향이 아닌 타향에 정착하는 것, 그리고 I형은 도시에서 태어나 농촌을 전혀 모르는 사람이 농촌으로 가는 것을 말합니다.

성공적인 귀농·귀촌을 위해서 경험자들과 전문가들은 다음의 10가지를 반드시 명심하고 이를 잘 챙기라고 조언합니다.

첫째가 충분한 기간을 갖고 귀농 교육을 받으면서 정보를 수집하라는 것입니다. 최소한 몇 년간의 준비기간을 갖고 정착할 곳의 정보와 선택할 작목에 대한 지식을 쌓는 것이 중요하다는 것입니다.

둘째가 배우자(특히 부인)와 자녀 등 가족의 동의를 얻는 일입니다. 도시와 농촌생활은 판이하게 다릅니다. 낯선 환경에 적응하고 새로운 일에 전념하려면 가족의 협조가 반드시 필요하다는 것이지요.

셋째가 농촌으로 내려가기 전에 최소한 주말농장에서라도 농사경험을 하는 것이 좋다고 합니다. 농사일은 정말 힘든 일이고, 전문적인 지식을 얻기까지는 많은 경험과 노력이 필요하다는 것을 피부로 느낄 수 있기 때문입니다.

넷째가 정착할 곳은 연고지나 도와 줄 사람이 있는 곳을 선택하라고 합니다.

다섯째가 농업으로 큰돈을 벌 생각을 말라는 것입니다. 농사로 억대의 수익을 올리는 농민들도 많지만 일반적으로는 수익성이 낮은 것이 농업입니다.

여섯째가 살 집과 농지를 서둘러 구입하지 말라는 것을 강조합니다. 정착지에서 '귀농의 집'이나 빈집을 얻어 살면서 지역 사정을 잘 알게 된 뒤에 사도 늦지 않다는 것입니다.

일곱째가 동네 행사에 적극 참여하라는 조언입니다.

여덟째가 인사를 잘하고 지역사회에 기여하라는 것입니다.

농촌사회는 보수성이 강한 곳입니다. 동네 어른과 이웃을 친척 대하듯 내가 먼저 정겹게 대하고 마을 일에 앞장서 나서는 모습을 보일 때 마을 주민들도 마음을 열어 준다는 것입니다.

아홉째가 농업도 직업인 만큼 전문가가 되려면 부단한 노력이 필요하다고 합니다.

열째가 도시의 편리함은 하루속히 잊어야 한다는 것입니다. 농촌에 왔으면 농촌의 환경 그대로를 받아들이고 즐겨야지 도시와 비교하면 여러 가지 갈등과 회의에 시달릴 수밖에 없다는 것이지요.

063 농어촌 뉴타운으로 젊은 피 수혈

··· **Speech 100**

> **핵심 내용** 농어촌 뉴타운은 50~200세대 규모의 전원형 주택단지를 조성
> 해 귀농을 희망하는 도시의 30~40대 젊은이에게 싼값으로 분양하는 현 정
> 부의 핵심사업 중 하나다. 올해 시범사업 대상지로 충북 단양, 전북 장수 ·
> 고창, 전남 장성·화순 5개 지역이 선정됐다.

우리 농촌의 가장 큰 어려움은 젊은 사람이 없다는 것입니다. 농촌의
고령화율은 33%로, 초고령사회로 깊숙이 진입한 지 오래됐습니다.
65세 이상 고령 농민의 경영주 비율은 46.5%에 달합니다. 더욱 암울
한 현실은 영농을 승계할 젊은 농민이 있는 농가의 비율이 지난 2000
년의 11%에서 2005년엔 3.5%로 줄었다는 사실입니다. 전국적으로
농촌 마을은 3만6,000개 정도가 있습니다. 마을당 평균 가구 수는 30
호 정도가 되는데 이 중 한 가구 정도만 농사를 이어갈 젊은이가 있
다는 것입니다. 일본의 경우 고령화 현상은 우리와 비슷하지만 영농
승계 인력이 있는 농가가 50% 정도나 됩니다.

농촌은 도시에 비해 생활 여건과 교육·복지·의료·문화 여건이
열악해, 귀농을 희망하는 도시의 젊은이가 상당수 있으나 실제적으
로 농촌으로 들어오는 비율은 극히 낮습니다.

농촌에 젊은 사람이 많이 들어와야 활력을 찾고 농업도 지속적으로 발전할 수 있는데, 현실적으로는 농촌에 있는 젊은이도 도시로 나갈 수밖에 없는 그런 딱한 실정이 지금껏 이어져 온 것입니다.

농어촌 뉴타운 사업은 이런 문제를 근본적으로 풀어 나가는 해법의 하나로 나온 정책입니다. 정책의 목표는 도시에 살고 있으나 귀농을 희망하는 30~40대 젊은 사람들을 농촌으로 유치하는 것입니다. 그리고 다양한 행정적 지원을 통해 이들이 지역 농업의 핵심 주체가 될 수 있도록 한다는 것입니다.

농어촌 뉴타운은 도로·상하수도·전기·통신·공원·녹지 등 기반시설을 갖춘 50~200세대 규모의 전원주택 단지를 조성하는 사업입니다. 땅은 지자체가, 공공 기반시설은 전액 국고로 지원됩니다. 임대주택은 분양가의 40%를 정부가 부담하고 입주자 부담 60%는 융자(연리 3%, 10년 거치 20년 분할상환)를 해주는 파격적인 조건입니다. 분양주택의 경우도 분양가의 100%를 융자(연리 3%, 3년 상환)받을 수 있습니다. 농어촌 뉴타운 단지에 입주하면 영농교육과 영농 관련 자금이 우선적으로 지원되고 건강보험료 등이 경감되는 혜택이 주어집니다. 단지 내에는 보육시설 설치, 기숙형 공립고 육성, 영어 원어민 교사 배치 등을 계획하고 있어 교육·복지 환경도 일반 농촌보다 훨씬 좋을 것으로 예상됩니다. 올해 시범사업 대상지로는 충북 단양, 전북 장수·고창, 전남 화순·장성 등 5곳이 선정됐습니다.

정부는 이 같은 농어촌 뉴타운 사업이 성과를 거두면 이를 전국적으로 확대한다는 계획입니다. 이 같은 사업을 통해 농촌에 젊은 인력이 유치되고 농촌이 활력을 찾는 계기가 되었으면 합니다.

064 품목별 대표조직과 농협의 전문화

Speech 100

핵심 내용 품목별 대표조직은 현 정부가 해당 품목의 정책 파트너로 삼기 위해 육성하는 새로운 조직이다. 감귤과 넙치의 대표조직이 이미 설립됐고, 앞으로 쌀을 포함해 총 29개 품목에 대해 대표조직을 육성하겠다는 방침이어서 파급 효과가 클 것으로 예상된다.

품목별 대표조직 육성은 생산자 스스로가 품목별로 결집해 해당 품목의 문제를 자율적으로 해결해 나가도록 하기 위한 방안이라는 것이 정부의 설명입니다. 지금까지 이 같은 역할은 농협이 주도적으로 해왔고 일부는 해당 협회나 연합회가 수행해 왔습니다. 그러나 정부의 입장에서는 농업의 전문화 추세가 급격히 진행되고 있는 상황에서 해당 품목을 명실상부하게 대표하는 조직의 필요성을 느끼고 있는 것이 사실입니다. 지역 농협은 종합농협 체제로 품목별 전문화가 미흡하고, 협회는 업계의 대표성에서 문제가 있다는 인식을 갖고 있습니다. 따라서 농협과 협회, 그리고 기타 단체 등을 묶어 대표조직으로 육성해서 해당 품목의 정책 파트너로 삼고자 하는 데 그 뜻이 있다고 하겠습니다.

품목별 대표조직은 각종 정책자금의 사업자 선정과 자금 지원, 자조금 사업, 유통정보 조사·연구 사업과 같은 해당 품목과 관련된 모든 사업의 주체가 되고, 정부는 이곳저곳으로 나누어져 있던 정책 집행 창구를 대표조직으로 일원화한다는 것이 기본 구상입니다.

일례로 지난해 12월 품목별 대표조직 1호로 선정된 (사)제주감귤연합회의 경우 지자체가 하던 정책사업 대상자 추천권은 물론 자조금과 유통협약, 명령제안 수행 등 감귤협의회의 기능도 흡수하게 됩니다. 또 감귤출하연합회가 하던 유통정보 조사 사업 역시 대표조직으로 넘어갑니다.

문제는 대표조직과 농협과의 관계입니다. 당초 이 구상이 나왔을 때는 농협의 역할을 축소시키고, 새로운 조직을 만들어 옥상옥(屋上屋)이 되는 것 아니냐는 우려가 컸고, 이러한 우려가 지금도 가시지 않은 것이 사실입니다. 그러나 대표조직 육성에 대한 정부의 의지가 강한 만큼, 지역농협과 품목농협은 지금의 사업 체제를 유지하면서 품목별로 대표조직에 조직적으로 적극 참여해 주도권을 확보하는 것도 현실적인 방안의 하나가 될 수 있을 것입니다.

(사)제주감귤연합회는 회원이 20개 농협(지역조합 19개, 품목조합 1개)으로 구성돼 있습니다. 회장은 서귀포농협 조합장입니다. 물론 감귤은 제주 지역만의 특산물이라는 점도 있지만 다른 품목도 농협이 하기에 따라서는 대표조직의 구심체가 될 수 있다는 것을 염두에 두고, 그런 방향으로 노력을 기울여 나갈 필요가 있습니다. 대표조직 육성 대상 품목은 쌀·고추·버섯·배추·딸기·토마토·파프리카·인삼·마늘·양파·사과·배·포도·단감·백합·한우·돼지·닭·계란·우유·오리 등 농축산물 23개와 수산물 6개 품목입니다.

065 올바른 '식(食)교육'이 농업을 살린다

> **핵심 내용** 서구화된 식습관을 우리 고유의 식문화로 되돌려 놓을 때 국민 건강 증진은 물론 건강한 사회, 우리 농업의 발전과 지역경제의 활성화라는 목표를 동시에 추구할 수 있다. 그리고 이는 국가경쟁력으로도 이어진다.

지난 수십년간 우리의 식생활은 엄청나게 변화했습니다. 쌀밥과 채소 위주의 식탁은 우리 곁에서 멀어지고 그 자리를 육류와 빵·햄버거·피자와 같은 패스트푸드가 차지하고 있습니다. 1980년대만 해도 국민 1인당 열량의 절반 정도를 쌀에서 섭취했으나 지금은 29% 수준으로 줄어들었습니다. 이에 반해 축산물과 유지류는 11%에서 22%로 두 배나 늘어났습니다. 또한 각종 화학첨가물이 들어간 가공식품의 섭취가 늘어나고 외식이 보편화하고 있는 것도 국민건강을 위협하는 요소가 되고 있습니다.

이러한 식생활 패턴의 변화가 영양균형을 파괴하고, 고혈압·당뇨·비만·동맥경화와 같은 성인병에서 누구도 자유롭지 못한 상황을 만들고 있는 것입니다. 이보다 더 심각한 것은 자라나는 어린이들마저 아토피·소아비만·소아당뇨 등 예전의 아이들에게는 거의 없었던 질병으로 고통받고 있는 현실입니다. 잘못된 식습관은 국민건강을 해치고 질병 치료를 위한 엄청난 사회적 비용을 유발합니다. 만성질환과 비만으로 인한 경제적 손실액이 2001년 5조2,416억원에 달한다는 연구결과는 잘못된 식습관을 더 이상 개인의 문제로 치부할 수 없는 상황에 깊숙이 들어가 있음을 말해 줍니다.

잘못된 식습관의 해악으로부터 벗어나려면 식품에 대한 올바른 정보가 제공되고, 어릴 때부터 체계적인 식생활 교육이 뒷받침돼야 합니다. "세살 버릇이 여든까지 간다"는 속담이 있듯이 한번 잘못 길들여진 식습관은 여간해서 고치기 어렵습니다. 식생활 교육의 핵심은 패스트푸드와 가공식품을 밀어내고 우리 전통식단의 가치를 재발견하는 데서 출발합니다. '음식이 보약'이라고 할 정도로 우리의 전통음식은 세계적으로 인정받는 균형 잡힌 건강식입니다.

식생활을 개선하는 교육은 모든 세대의 국민에게 필요하지만, 특히 자라나는 아이들의 심신 성장과 인격 형성에 큰 영향을 미칩니다. 이러한 국민교육은 자연스럽게 우리 농축산물과 이를 생산하는 농업의 소중함을 일깨워주고, 새로운 수요 창출로 연계돼 농업과 지역경제에 활력을 불어넣는 동력으로 작용하게 될 것입니다.

일본은 2006년 식육기본법(食育基本法)을 제정했습니다. 농수산성은 물론 노동후생성·문부과학성·총리내각부 등이 참여하는 범정부적인 추진체계를 갖추고 지자체·각급 학교·보건소·농협·언론이 적극 동참하고 있습니다. 일본의 사례를 타산지석으로 삼아 우리도 잘못된 식습관을 바로잡고 올바른 식문화를 확산시키는 노력에 정부와 농협을 비롯한 사회 각계각층이 동참해야 할 것입니다.

2

주제별 스피치

5장_교양 & 리더십

066 가장 중요한 재산은 덕(德)

Speech 100

> **핵심 내용**　재산은 크게 나누어 물질적 재산인 돈과 신체적 재산인 건강, 그리고 정신적 재산인 덕으로 나눌 수 있다. 정신적 재산은 도덕적 재산이라고도 하는데, 우리 인생에서 사랑과 인격과 양심은 가장 중요한 도덕적 재산이라 할 수 있다.

사람들에게 "재산이란 무엇을 의미하는가?"라고 물어 보면 대다수는 경제적 가치를 갖는 동산과 부동산이라고 대답합니다. 이것은 재산이 경제적 부(富)라는 의미겠지요. 그러나 재산의 개념을 좀 더 넓게 생각해 보면 크게 세 종류로 나눌 수 있습니다. 첫째는 물질적 재산인 돈입니다. 둘째는 신체적 재산인 건강입니다. 셋째로는 정신적 재산이 있습니다. 이것은 지식·기술·용기·신용·사랑·근면·인내력·양심·인격 등 인생에서 가장 중요한 도덕적 재산을 말합니다.

이 중 돈은 인간이 살아가는 데 가장 중요한 경제적 재산이며 수단적 가치입니다. 돈을 가지면 우리가 필요한 것은 무엇이나 다 살 수 있습니다. 그래서 우리는 살기 위하여 돈을 벌어야 하고 돈을 소유해야 합니다. 그러나 돈의 노예는 되지 말아야 합니다. 돈을 지혜롭게 활용하고 선용(善用)하는 돈의 주인이 되어야 할 것입니다.

돈 이상으로 중요한 재산이 바로 건강입니다. 수억 만금을 소유하더라도 병으로 자리에 눕는다면 돈이 무슨 의미가 있겠습니까? 건강을 잃어버리면 인생의 모든 것을 잃어버리게 됩니다. 돈을 모으는 것도 중요하지만, 튼튼한 건강을 유지하는 것이 더욱 중요하다고 생각합니다. 돈을 벌기 위해 건강을 잃어버리는 사람처럼 세상에 어리석은 사람은 없습니다.

경제적인 부와 신체적인 건강도 중요하지만 인간에게 가장 소중한 재산은 정신적 재산입니다. 지식도, 재능도, 교양도 다 재산이요, 신용과 용기, 근면은 더 큰 재산입니다. 사랑과 인격과 양심은 인간의 가장 중요한 재산입니다. 이것을 한마디로 요약하면 덕(德)이라 할 수 있는데, 덕은 인간 최고의 재산인 것입니다. 유교의 고전인 대학(大學) 중용전십장(中庸傳十章)에 보면 "덕이 인생의 가장 중요한 가치요, 재물은 인생의 말단적 가치에 지나지 않는다(德者本也 財者末也)"라고 하였습니다.

따라서 우리는 본말을 전도(顚倒)하지 않아야 합니다. 무엇이 근본이고 지엽말단(枝葉末端)인지를 바로 알아야 하겠습니다. 재산이 많다고 반드시 인간이 행복하게 살 수 있는 것은 아니지 않습니까? 덕이 많아야 인생을 행복하게 살 수 있는 것입니다. 덕이 인간의 첫째가는 재산이고, 건강은 그 다음에 가는 재산이며, 재물은 마지막 가는 재산입니다. 재물이 행복을 가져다 주지 않습니다. 건강이 행복을 낳고, 덕이 행복을 불러옵니다.

067 지혜로운 건강관리

Speech 100

> **핵심 내용** 만병의 근원은 마음에서 온다고 할 수 있다. 지혜로운 건강관리
> 를 위해서는 욕심과 집착을 버려야 하며, 이로써 평상심을 유지할 수 있다면
> 건강의 핵심인 균형과 조화를 이룰 수 있다. 그래서 일무(一無), 이소(二少),
> 삼다(三多), 사필(四必), 오우(五友)로 살아야 한다.

우리가 건강한 삶 속에서 보람을 성취하기 위해서는 일무(一無), 이
소(二少), 삼다(三多), 사필(四必), 오우(五友)로 살아야 합니다.

일무(一無), 담배 끊기(禁煙)는 필수입니다.

담배를 즐기면서 장수하는 사람도 있음을 인정합니다. 그러나 역
시 담배는 끊는 것이 옳습니다. 백해무익이라 했습니다. 그 무서운
암의 원인이라는 독소를 돈 주고 피우다니 안타깝습니다.

이소(二少), 적게 먹고 음주량도 줄이자는 것입니다.

식탐은 비만을 낳을 뿐만 아니라 모든 성인병의 원인이 됩니다. 과
일과 채소를 위주로 한 적당한 양의 소식이 장수의 비결입니다. 기뻐
서 마시고 슬퍼서 마시는 술도 자제해야 합니다. 노년의 폭주는 뇌세
포의 손상을 가져와 치명적인 뇌질환의 원인이 되고, 노추로 교양과
인격에 먹칠을 하게 됩니다.

삼다 (三多), 운동·접촉·휴식은 많이 할수록 좋다는 것입니다.

무엇이라도 매일 즐기는 운동 한 가지는 꼭 계속해야 합니다. 신체적인 활동이 자유로워야 삶의 즐거움을 느낄 것입니다. 그리고 친구를 만나고 사람을 만나고 새로운 문화도 접하면서, 꾸준히 사회적인 접촉을 유지해야 합니다. 또한 피로는 만병의 원인이 될 수 있습니다. 가능하면 많은 휴식 속에서 재충전 기회를 갖도록 해야 합니다. 가장 쉬운 삼다(三多)로 '많이 걷기, 된장 많이 먹기, 많이 웃기'를 말하기도 하는데 이것도 충분히 이해가 되는 내용입니다.

사필(四必), 걷고, 배우고, 즐기고, 웃으며 살자는 뜻입니다.

매일 한 시간 정도 걸으면 결코 아파 눕는 일은 없을 것입니다. 배움에는 정년이 없다는 말이 있듯이 항상 새로운 지식을 얻기 위한 노력과 무엇을 하든 즐겁게, 그리고 웃음을 잃지 않는 생활을 하자는 것이지요. 웃음은 스트레스를 해소하고 인생을 즐겁게 하는 활력소입니다. 억지로도 웃고, 기쁜 일 만들어서도 티 없이 크게 웃어봅시다.

오우(五友), 자연·친구·책·술·컴퓨터를 친구로 삼자는 것입니다 자연을 벗 삼아 산과 강으로 나가봅시다. 자연 속에 젊음이 있습니다. 마음을 열고 담소할 수 있는 친구는 많을수록 좋습니다. 언제 어디서나 좋은 책을 곁에 두고 읽는다면 마음이 맑아집니다. 절제해서 잘 마시면 술도 우리 건강과 사교에 도움이 됩니다. 만물박사 컴퓨터를 배워 컴맹 면하고 인생을 즐기며 삽시다. 한 번뿐인 우리 인생 버릴 건 버리고 배울 건 배워서 꿈을 안고 집중할 수 있는 목표를 가질 때 인생 말년의 무기력에서 벗어나 활기찬 인생을 누리게 될 것입니다.

068 어떻게 살 것인가?

Speech 100

> **핵심 내용** 행복한 인생, 성공한 인생을 살기 위해서는 인생관이 중요하다.
> 인생관이란 인생의 존재가치·의미·목적 등에 관하여 갖고 있는 전체적인
> 사고방식이라 할 수 있다. 인생관의 근본은 생명의 소중함과 존엄성을 자각
> 하는 일이다.

우리는 단 하나밖에 없는 유일성의 생명을 가지고 일회성의 생애를
살아가고 있습니다. 천상천하에 유일무이(有一無二)한 생명을 가지
고 오직 한 번뿐인 인생을 행복하고 성공적으로 살아가기 위해서는
어떤 인생관, 어떤 가치관, 어떤 생활태도, 어떤 정신자세, 어떤 마음
가짐, 어떤 행동원칙을 가지고 살 것인가 하는 문제가 가장 중요한
관건이라고 생각합니다.

어떤 인생관을 갖느냐에 따라서 그 사람의 인생의 내용과 방향, 또
한 운명이 좌우된다고 생각합니다. 허무주의적인 인생관을 갖는 사
람은 인생을 허무하다고 생각하고 허무하게 살 것이고, 이상주의적
인 인생관을 갖는 사람은 자기 이상을 실현하기 위해 성실하고 진지
한 인생을 살 것입니다.

유신론자가 되느냐, 무신론자가 되느냐, 향락주의자가 되느냐, 유

물론자가 되느냐, 비관주의자가 되느냐, 낙관주의자가 되느냐, 이기주의자가 되느냐, 이타주의자가 되느냐, 운명론자가 되느냐, 노력주의자가 되느냐에 따라서 우리의 인생은 하늘과 땅처럼 달라질 수도 있습니다. 자신의 인생관이 자신의 인생을 지배한다고나 할까요. 어쨌든 각자의 인생은 각자의 인생관의 차이에서 오는 것만은 확실한 것 같습니다.

그리스의 유명한 수학자이며 철학자였던 피타고라스는 "이 세상에서 제일 중요한 일은 '인생을 어떻게 살아야 하느냐' 그것을 가르쳐 주는 것이다"라고 말했습니다. 인생을 사는 지혜와 자세한 방법을 가르쳐 주는 일이 가장 중요하다는 얘기이죠. 인생관이란 인생의 존재가치·의미·목적 등에 관하여 갖고 있는 전체적인 사고방식이라 할 수 있습니다. 인생관이 잘못되면 반드시 불행한 인생을 살 것이고, 올바른 인생관을 가지면 반드시 행복한 인생을 살 것입니다.

우리는 모든 문제에 있어 올바른 관(觀)을 확립할 필요가 있습니다. 관(觀)이란 사물을 보되 깊이 보는 것을 말합니다. 관(觀) 중에서 가장 중요한 관은 인생관이며, 생명관입니다. 이것은 생명의 소중함과 존엄성을 자각하는 것입니다. 나의 생명과 남의 생명이 한없이 소중하고 존귀하다는 것을 우리는 먼저 깨달아야 합니다. 이것이 도덕의 시작이며 윤리의 근본입니다. 인생을 살면서 인간의 근본과 기초가 무엇인지 분명히 안다면 우리가 가야 할 길도 저절로 분명해지리라 생각합니다. 인생의 근본인 생명관 즉 생명의 소중함과 존엄성을 갖게 되면, 우리가 어떻게 살아야 할 것인가 하는 질문에 대한 답은 그리 어려운 일이 아니며, 오히려 분명해지리라고 생각합니다.

069 인생에서 가장 중요한 선택은?

· **Speech 100**

핵심 내용　인생에서 행·불행이 좌우될 수 있는 선택의 기회가 있다면 직업과 배우자, 인생관·가치관의 선택일 것이다. 올바른 인생관·가치관을 선택한다는 것은 개인과 국가, 온 인류가 보람과 번영, 자유와 평화를 누리기 위한 가장 중요한 일이다.

열심히 돌을 쪼고 있는 석공 세 사람을 보고, 지나가던 행인이 "당신들은 무엇을 하고 있습니까?" 하고 물었습니다. "보시다시피 돌을 쪼고 있습니다." 첫 번째 석공이 대답했습니다. 다음에 두 번째 석공이 대답했습니다. "저는 돈을 벌고 있습니다." 끝으로 세 번째 석공이 대답했습니다. "저는 역사에 남을 대성당을 짓고 있습니다." 이 세 사람의 석공 중에 누가 가장 의미 있는 삶을 사는 사람일까요.

인생에는 세 가지의 선택이 있다고 합니다.

첫째는 직업의 선택이고, 둘째는 배우자의 선택이며, 셋째는 인생관과 가치관의 선택입니다. 한평생을 살면서 이 세 가지의 선택을 잘하느냐 못하느냐에 따라서 인생의 성패가 결정되고, 행복과 불행이 좌우된다고 합니다.

인생에서 가장 중요한 것은 무엇이겠습니까? 생의 목표와 의미를 어디에 두고 살아야 하겠습니까? 어떻게 사는 것이 바람직한 인생일까요? 무엇이 소중하고 무엇이 소중하지 않습니까? 이런 문제에 대한 우리의 판단과 선택과 신념이 곧 가치관입니다.

인간은 자신의 가치관에 따라서 행동하고 평가하고 생활합니다. 예수는 왜 십자가에 못 박혔는가? 소크라테스는 왜 독배를 마셨는가? 석가는 왜 왕국을 버리고 설산고행(雪山苦行)의 길에 나섰는가? 충무공은 왜 백의종군을 하였는가? 간디는 왜 비폭력 운동으로 투쟁의 생애를 살았는가?

모두가 그들의 가치관 때문입니다. 그들은 이상적인 가치관을 가졌기 때문에 그러한 인생의 행로를 택한 것입니다. 돈밖에 모르는 사람의 눈으로 볼 때 소크라테스가 마신 독배의 의미를 이해할 수 있겠습니까? 또 권력이나 쾌락밖에 모르는 사람이 예수나 석가의 생활과 행동을 바로 깨달을 수 있겠습니까? 그런 사람은 이런 의미나 행위를 이해하기 힘들 것입니다. 그것은 가치관의 차이 때문입니다.

눈앞에 돈·권력·향락·미인·진리·신앙·건강 등 여러 가지를 놓고 "어느 것을 먼저 선택하고 어느 것을 버리겠는가?"라고 묻는다면 여러분은 무엇을 먼저 선택하시겠습니까? 누구나 그 선택과 결정에 주지와 당황함을 느낄 것입니다.

올바른 가치관을 갖는다는 것은 결코 쉬운 일이 아닙니다. 한 개인이 보람 있게 살기 위해서, 한 나라가 부강과 번영을 이루기 위해서, 그리고 온 인류가 평화와 자유를 누리기 위해서는 모든 사람이 건전한 가치관을 선택하는 것이 가장 중요한 일이라고 생각합니다.

070 행복은 어디에 있는가?

Speech 100

> **핵심 내용** 우리가 무엇을 얻고자 할 때 가장 중요한 것은, 얻고자 하는 대상이 있는 곳에서 그것을 구하는 일이다. 행복이란 자기 자신을 떠나 있는 것이 아니다. 올바른 가치관을 가지고 적극적인 자세로 살아간다면 행복은 항상 그 곁에 있다.

마테를링크의 동시극 '파랑새'는 어린 오누이가 행복의 상징인 파랑새를 구하려고 온갖 곳을 찾아다녔으나 헛걸음만 하고 집에 돌아와 보니, 저희 집 머리맡에 놓인 새장 속에 그 파랑새가 있음을 깨닫게 된다는 줄거리로 되어 있습니다. 이와 같이 행복이란 산 넘고 바다 건너 먼 곳에 있는 것이 아니라 바로 주변 가까이 있다는 것을 이야기하거나 노래한 사람은 그 밖에도 많습니다.

우리가 무엇을 얻고자 할 때, 제일 중요한 것은 얻고자 하는 대상이 있는 곳에서 그것을 구하는 일일 것입니다. 물고기를 얻고자 하는 사람이 낚싯대를 들고서 산으로 간다거나 팽귄의 생태에 관한 지식을 얻고자 하는 사람이 카메라 들고 한강을 찾아간다면, 아마도 뜻을 이룰 가능성은 거의 없을 것입니다. 행복의 경우도 마찬가지여서 그것을 얻기 위해서는 그것이 있는 곳에서 찾아야 합니다.

행복이란 무엇을 의미한다고 생각하십니까? 행복이란 물고기처럼 눈으로 볼 수 있는 물체가 아니며, 개념 정의 또한 각자의 견해에 따라 달라질 수 있기 때문에 어떻게 하면 그것을 얻을 수 있는지 알기가 참으로 어렵습니다.

우선 행복이란 자기의 삶에 대해서 일시적으로 느끼는 피부 감각적인 만족이 아니라, 한 인격으로서 삶 전체에 대하여 느끼는 지속적인 만족을 가리킨다고 할 수 있습니다. 그러나 자신의 삶에 대해 전체적이며 지속적인 만족을 느낀다 하더라도 만약 환상에 사로잡혔거나 또는 생각이 부족해서 그러한 만족에 도취하고 있는 것이라면 참으로 행복하다고 보기 어려울 것입니다. 예를 들어 연산군처럼 온 백성의 증오와 원망을 사면서 주지육림(酒池肉林)을 즐기며 살았던 사람을 행복한 인물이라고 볼 수는 없을 것입니다. 또 매우 어리석거나 폐쇄적 환경에 갇혀 사는 까닭에 인간 이하의 생활을 하면서도 만족을 느끼는 사람도 있는데 이런 사람도 행복하다고는 볼 수 없습니다.

우리가 보통 '행복한 사람'이라고 말하는 것은 본인의 만족이라는 주관적 측면과 그 만족을 근거 지울 만한 객관적 측면이 아울러 갖추어졌을 때 실현되는 것이라 생각됩니다.

따라서 행복은 자기 자신을 떠나 있는 것이 아니라 주관적으로는 자신의 마음가짐에 따라 온다고 할 수 있으며, 객관적으로는 만족할 만한 근거가 있어서 만족을 느끼는 것이라고 남들이 인정할 수 있는 충분한 조건을 갖추었을때 얻어지는 것이라고 생각합니다.

071 리더의 조건, 통솔력과 유머 리더십

Speech 100

> **핵심 내용** 미국의 조지 패튼 장군은 최고사령관으로서 뒤에서 명령만 하달하지 않고 최전방의 사선에서 일반 사병들과 함께 각개전투를 벌여 부하들에게 솔선수범의 자세를 보였다. 링컨 대통령은 유머로 우울증을 극복했다고 한다. 이것이 바로 뛰어난 리더의 조건이다.

일반적으로 우수한 리더의 조건이라고 하면 부하를 잘 다루는 통솔력, 부하에게 의욕을 북돋워 주는 재능, 부하를 하나로 잘 뭉치게 하는 능력 등을 들 수 있습니다. 그러나 그것만으로 우수한 리더라고 말할 수 있을까요? 그렇게만 생각하기에는 약간 부족한 듯합니다.

가장 중요한 것은 부하를 확실하게 장악하는 능력입니다. 제2차 세계대전 당시 전설적인 명장으로 이름 날렸던 미국의 조지 패튼 장군은 최고사령관으로서 뒤에서 명령만 내리지 않고 최전방 보병소대보다 한발 앞서 사선에 몸을 던지며 일반 사병들과 함께 각개전투를 벌여 부하들의 마음을 사로잡았습니다. 이런 자세가 부족하다면 아무리 부하들에게 잘해주어도, 또 아무리 부하에게 의욕을 북돋워주는 것이 능숙해도 그것은 일시적일 수밖에 없습니다. 스스로 싸우려 하지 않는 리더를 보고 부하들은 의욕을 잃어버릴 것이 틀림없습니다. 부하를 지휘만 하면 되는 것이 아닙니다. 솔선해서 노력하여 어떤 부하보다도 높은 업적을 달성해야 합니다. 그리고 통솔력까지 우수하다면 진짜로 탁월한 리더라고 할 수 있을 것입니다.

중요한 것이 또 하나 있습니다. 한마디로 리더의 유머감각입니다. 미국 대통령 링컨은 큰 뜻과 신앙심, 유머로 우울증을 극복했다고 합니다. 그중에서도 유머는 우울증을 극복하고 리더십을 발휘하는 데 큰 힘이 되었다고 합니다. 많은 사람이 유머를 즐거움과 같은 것으로 보지만, 웃는다고 해서 또 남을 웃긴다고 해서 그것이 반드시 즐거움의 표시는 아닙니다. 유머는 슬픔을 이겨내게 합니다. 어려울수록 유머를 가까이해야 합니다. 프리드리히 니체가 "세상에서 가장 고통받는 동물이 웃음을 발명했다"고 갈파한 것은 전적으로 옳습니다. 힘들고 슬플 때에는 면역기능이 떨어지고 스트레스 호르몬이 많아지지만, 유머를 통해 억지로라도 웃으면 인체의 반응이 바뀝니다. 유머를 즐기면 다른 사람과의 유대감이 강화되고 세상을 긍정적으로 보게 되며 적극적으로 행동하는 힘이 된다고 하는데, 아마 링컨도 여기에 해당되었겠지요.

한마디의 유머로 자아내는 웃음이 우리 몸에 강한 생명력을 가져다준다는 사실은 이미 의학적으로도 증명이 되었고, 누구나 알고 있는 사실입니다. 유머는 몸과 마음의 건강을 위한 명약입니다.

072 생각이 바뀌면 운명이 바뀐다

·· **Speech 100**

> **핵심 내용** 생각을 바꾸면 운명이 바뀐다. 주어진 환경이야 어떻든 고정관념에 사로잡히지 않고 도전과 개척정신을 잃지 않으면 어떤 어려움도 이겨낼 수 있다.

'Bravo your life' 라는 제목으로 회자되는 다음과 같은 잠언이 있습니다. 여러분도 들어보셨을 것입니다.

생각에 주의하라(watch your thought), 생각은 말이 되니까(they become words)/ 말에 주의하라(watch your words), 말은 행동이 되니까(they become actions)/ 행동에 주의하라(watch your actions), 행동은 습관이 되니까(they become habbits)/ 습관에 주의하라(watch your habbits), 습관은 품격이 되니까(they become character)/ 품격에 주의하라(watch your character), 품격은 운명을 만드니까(they become your destiny)

한마디로 생각을 바꾸면 운명이 바뀐다는 뜻입니다. 주어진 환경이야 어떻든 고정관념에 사로잡히지 않고 도전정신과 개척정신을 잃지 않으면 어떤 어려움도 이겨낼 수 있습니다.

스키 마니아라면 누구나 다 아는 미국 콜로라도의 크레스티드 뷰트 리조트 이야기입니다. 당시 콜로라도의 여러 도시들이 스키장을 만들어 많은 돈을 벌고 있었습니다. 그러나 크레스티드 뷰트 타운은 아주 작은 마을이었고 워낙 험악하고 가파른 절벽 부분에 위치하고 있어 스키장을 만들기에는 조건이 아주 좋질 않았습니다. 그래서 마을 사람들은 고민에 고민을 거듭하였습니다. 산을 깎을까? 아예 흙을 퍼다 경사로를 꾸밀까? 그러나 그들은 자신들이 가진 천혜의 자연 조건을 그대로 이용하기로 했습니다. 험악하고 가파른 절벽에 '세계에서 가장 어려운 스키 코스'를 만들기로 한 것입니다. 그래서 그들은 산의 특성을 그대로 살린 '세계에서 가장 어려운 스키 코스'를 만들었고, 이 소식은 곧 도전욕에 불타는 스키어들 사이에 퍼져 나갔습니다. 이미 평범하고 일반적인 코스에 신물이 나 있던 스키 엑스퍼트들은 '세계에서 가장 어려운 스키 코스'를 공략하기 위해 모여들었고, 그들의 묘기를 보기 위해 일반 스키어들까지 모여들어 크레스티드 뷰트 타운은 일약 세계적인 명소가 되었습니다.

바로 생각을 바꾼 덕분입니다. 만일 '우리 마을은 산세가 너무 험악해서 안 돼'라고 생각했다든가, 다른 리조트와 같은 스키장을 만들기 위해 산을 깎았다면 크레스티드 뷰트 타운이 오늘날과 같은 세계적인 스키 명소가 되지는 못했을 것입니다. 어떤 일이 잘되고 못되는 데는 반드시 원인이 있게 마련입니다.

지금 시작하십시오. 내 뜰에 꽃을 피우고 싶으면 지금 뜰로 나가 나무를 심으십시오. 내 뜰에 나무를 심지 않는 이상 당신은 언제나 꽃을 바라보는 사람일 뿐 꽃을 피우는 사람은 될 수 없으니까요.

073 승부근성과 목표의식

.... **Speech 100**

> **핵심 내용** 인간의 능력에는 큰 차이가 없다. 있다면 그것은 승부근성의 차이다. 구체적인 목표를 갖고 무슨 일이 있어도 이루어내겠다는 자세로 실천하면 승부근성이 몸에 배고, 작은 실패로는 주저앉지 않게 된다.

오늘은 승부근성과 목표의식에 대하여 같이 생각해 봅시다. 사람의 능력에는 큰 차이가 없고, 다만 있다고 하면 그것은 바로 승부근성의 차이라고 어느 지인이 말한 것이 생각납니다. 저는 이 말이 매우 희망적인 말이라고 생각합니다. 고졸이든 대졸이든 누구나 그 능력에 있어서는 큰 차이가 없다는 것이지요. 승부근성만 있으면 어느 누구와도 당당히 경쟁할 수 있다는 것입니다.

이렇게 중요한 승부근성은 간단히 몸에 배는 것이 아닙니다. 승부근성의 유무는 대부분 선천적 이거나 환경에 의해 좌우된다고 합니다. 어느 날 갑자기 근성이 생겼다는 사람은 거의 없습니다. 근성이 있는 사람은 여전히 있는 것이고, 없는 사람은 여전히 없습니다. 이것이 현실입니다. 그럼 근성이 없는 사람은 어떻게 해야 할까요? 없으니까 하는 수 없다고 포기해야 할까요? 아닙니다.

지금부터라도 근성을 몸에 익히는 방법을 배워야 합니다. 그 방법이란 무엇일까요? 그것은 구체적인 자신의 목표를 갖는 것입니다. 돈벌이·출세·해외여행…, 뭐든지 상관없습니다. 어쨌든 이 일은 무슨 일이 있어도 이루어 내겠다는 목표를 세우고 그렇게 실천하면 자연히 근성이 몸에 밸 것입니다.

　근성이 없는 사람을 잘 관찰해 보면 대개 목표다운 것을 가지고 있지 않습니다. 그저 아무 생각 없이 막연히 매일을 보내고 있는 사람이 대부분입니다. 회사일은 외형상 열심인 척하지만 그다지 의욕적이 아닙니다. 회사 밖에서도 특별한 취미나 일을 가지고 있느냐 하면 그렇지도 않습니다. 어쨌든 그저 아무 생각 없이 살고 있는 사람들입니다. 이에 반해 승부근성이 강한 사람은 자신의 목표를 가지고 있습니다. 업무상의 일이든 아니든 확실한 목표를 갖고 있다는 것, 이것이 근성 있는 사람의 공통점입니다. 가슴에 손을 얹고 잘 생각해 봅시다. 1년 전의 나와 오늘의 나를 비교해 봅시다. 아무런 차이점을 발견하지 못했다면, 즉시 반성해야합니다.

　나는 인생에서 무엇을 해야 하는가, 혹은 올 1년 동안에 무엇을 해야 하는가? 명확한 목표를 가지고 매일 그 목표를 의식해야 합니다. 아침에 일어났을 때 소리 내어 외치는 것도 좋고 혹은 밤에 잠자리에 들 때 오늘 하루 얼마만큼 목표에 접근했는지 반성하는 것도 좋을 것입니다. 어쨌든 잠시도 목표를 잊지 않도록 하는 것이 중요합니다. 그렇게 해 나가면 반드시 승부근성이 몸에 배고 작은 실패로는 주저앉지 않습니다. 스스로 노력해서 난관을 뚫고 나가게 됩니다.

074 집념이 바위를 뚫는다

> **핵심 내용** 정신을 집중해서 일에 임하면 불가능도 가능해진다. 정신일도
> 하사불성(精神一道 何事不成)이란 말이 있듯이 마음가짐 하나로 일도 인생도
> 크게 좌우되는 법이다.

이제 한여름의 무더위도 가시고 결실의 계절인 가을이 성큼 다가왔습니다. 앙상한 도심의 가로수가 무척이나 고고하게 보이는 계절입니다. 오늘은 중국 한나라의 명장인 이광 장군에 얽힌 이야기로 '정신을 집중하면 불가능은 없다'는 의미의 교훈을 되새겨 보겠습니다.

이광 장군은 무술에 매우 뛰어난 장군으로, 특히 활에 있어서는 천하에 따를 자가 없다고 할 정도로 명궁 중의 명궁이었다고 합니다. 어느 날 이광이 말을 달려 넓은 광야를 지나고 있었는데, 날이 어두워지고 인적이 드문 산골짜기에 이르렀을 때 앞쪽 수풀 속에서 이상한 그림자를 발견했다고 합니다. 도대체 누구일까? 적병 흉노의 군사일까? 그는 말을 멈추고 수풀 속을 응시했습니다. 아무래도 사람은 아닌 것 같았는데 자세히 보니 호랑이가 숨어 있는 것이었습니다. 호랑이도 이광을 발견한 듯 수풀에 가만히 몸을 숨기고 미동도 하지 않았습니다. 언제 달려들까 하고 이광의 빈틈을 노리고 있는 것 같았습니다. 호랑이라는 사실을 안 순간 이광의 전신에서는 식은땀이 흐르기 시작하였습니다. 흉노의 병사라면 자신의 이름만 들어도 무서워서 달아날 것입니다. 그러나 호랑이가 사람의 말을 알 리도 없고 문자 그대로 먹느냐 먹히느냐의 싸움이니 한번에 잡아야 했습니다.

이광은 조용히 화살 한 대를 꺼내서 활시위에 메기고 혼신의 힘을 다해서 쏘았습니다. 화살은 호랑이를 향해 일직선으로 날아가 둔한 소리를 내고 호랑이에게 꽂혔습니다. 명중이었습니다. 그런데도 사냥감이 쓰러지는 소리를 들을 수가 없었습니다. 확실히 명중했는데 호랑이는 쓰러지지도 않고 달아나지도 않았습니다. 이상했습니다. 도대체 어떻게 된 일일까? 이광은 조심스럽게 호랑이에게 다가갔습니다. 그러자 수풀 저편에서 이광이 본 것은 호랑이가 아니었습니다. 바위였던 것입니다. 큰 바위를 호랑이로 잘못 보고 화살을 쏜 것입니다. 그런데 화살은 화살 꼭지가 보이지 않을 정도로 바위에 깊숙이 박혔습니다. 바위에 화살이 꽂히다니 이광도 놀랐습니다. 그래서 다시 활을 쏘아보았습니다. 그러나 몇 번을 해도 화살은 꽂히지 않고 튕겨 나갈 뿐이었습니다.

어머니가 자동차 바퀴에 깔린 자식을 구하기 위해서 자동차를 들어 올렸다거나 하는 비상대력(非常大力) 사례를 일상에서도 간혹 볼 수 있습니다. 인생도, 일도 모두 이와 같습니다. 정신을 집중해서 일에 임하면 불가능도 가능해집니다.

정신일도 하사불성(精神一道 何事不成)이란 말이 있듯이 마음가짐 하나로 일도 인생도 크게 좌우되는 법입니다.

075 인생의 오복(五福)

Speech 100

> **핵심 내용** 오복(五福)은 수(壽), 부(富), 강녕(康寧), 유호덕(攸好德), 고종명
> (考終命)을 말한다. 또 서민들이 원했던 또 다른 오복으로는 치아가 좋은 것,
> 자손이 많은 것, 부부가 해로하는 것, 손님을 대접할 만한 재산이 있는 것,
> 명당에 묻히는 것이라고도 한다. 어떤 것이든 이렇게 다섯 가지 복을 누린다
> 면 그 사람은 정말 복 많은 사람이다.

일상생활에서 오복(五福)이라는 말을 자주 씁니다. 오복이 갖춰진
사람을 보고 우리는 행복한 사람이라고 합니다. 오복을 다 갖추고 사
는 사람이 이 세상에 몇 사람이나 되는지는 모르지만, 오복이 과연 무
엇이냐고 물으면 선뜻 대답할 수 있는 사람도 많지 않습니다. 초등학
생에게 물었습니다. "5복이 뭐냐"는 질문에 초복, 중복, 말복, 8·15 광
복, 9·28 수복이라는 답이 나와 실소를 금치 못했다는 이야기도 있습
니다.

사람들이 소망하는 '인간의 오복'이란 무엇일까요. 중국 서경(書
經) 홍범편(洪範編)에 실려 있는 오복은 다음과 같습니다. 첫째는 장
수하는 복(壽), 둘째는 재물 복(富), 셋째는 몸과 마음의 평화가 있는
복(康寧), 넷째는 덕을 베풀며 덕스러운 삶을 사는 복(攸好德), 다섯
째는 마지막 죽음이 편안한 복(考終命) 등 이상 다섯 가지입니다.

오복이란 말은 한국 사람들도 예로부터 즐겨 써온 말로 가장 행복한 삶을 말할 때 "오복을 갖추었다"고 하였으며, 새로 집을 건축하고 상량할 때 대들보에 연월일시(年月日時)를 쓰고 그 밑에 "하늘의 세 가지 빛에 응하여 인간 세계엔 오복을 갖춘다(應天上之三光 備人間之五福)"라고 쓰는 것이 전통적인 관례가 되었습니다. 또 이(齒)의 중요성을 강조하여 "이는 오복에 들었다"라고도 말했습니다.

중국의 통속편(通俗編) 나오는 오복은 수(壽), 부(富), 귀(貴), 강녕(康寧), 자손중다(子孫衆多)로 되어 있는데 홍범편에서 이야기하는 오복보다 무척 서민적입니다. 남에게 덕을 베푼다는 유호덕보다는 귀(貴)가 낫고, 자기의 천수(天壽)대로 사는 고종명(考終命)보다는 자손 많은 것을 원한 것 때문입니다.

또 서민들이 원했던 또 다른 오복(五福)으로는 치아가 좋은 것, 자손이 많은 것, 부부가 해로하는 것, 손님을 대접할 만한 재산이 있는 것, 명당에 묻히는 것을 꼽습니다. 어떤 것이든 오복을 고루 누리는 사람은 정말 복 많은 사람입니다.

076 성냥불 같은 '말'

Speech 100

핵심 내용　한 입에서 전혀 다른 두 가지의 말을 하는 사람도 있다. 우리는 언행일치(言行一致) 이전에 언언일치(言言一致)의 삶을 살아야 한다. 상황이 어려울수록 희망·용기·치유의 언어를 구사하는 사람이 되자.

"우리 입이 하나고 귀가 둘인 것은, 말을 하는 것보다는 들어주기를 많이 하라는 뜻으로 조물주께서 인간을 창조하셨기 때문"이라는 말이 있습니다. "흉기에 의한 상처는 치유될 수 있지만 혀끝에 의한 상처는 치유될 수 없다"라는 말도 있습니다.

말은 성냥불 같은 것입니다. 조그마한 성냥불이 다른 물체에 옮겨지면 무서운 기세로 타오릅니다. 한 개인의 입에서 나오는 한마디 말도 여러 사람에게 옮겨 다니다 보면 가공할 위력을 갖습니다. 잘못 튀어나온 한마디 말이 수천 명의 사람들에게 상처를 주기도 하고, 또한 그 영혼을 잿더미로 만들 수도 있습니다.

다음은 '입의 10계명'으로, 진리가 담겨 있는 보석 같은 말입니다.

하나, 희망을 주는 말을 하라. 둘, 용기를 주는 말을 하라. 셋, 사랑의 말을 하라. 넷, 칭찬의 말을 하라. 다섯, 좋은 말을 하라. 여섯, 진실된 말을 하라. 일곱, 꿈을 심는 말을 하라. 여덟, 부드러운 말을 하라. 아홉, 화해의 말을 하라. 열, 향기로운 말을 하라 등입니다.

우리는 말하기 전에 다음 세 가지를 생각해야 합니다. 첫 번째는 '과연 내 입에서 나오는 말이 사실인가?' 하는 것입니다. 우리는 참과 거짓을 분별하기보다는 들은 말을 전하기에 너무 조급해합니다. 두 번째는 '이 말을 상대방에게 반드시 해야만 하는가?' 입니다. 아무리 좋은 말이라 할지라도 상대방에게 하지 않아도 될 말이 있습니다. 이 말이 상대방에게 꼭 필요치 않을 때는 하지 않는 것이 더욱 현명합니다. 세 번째는 '이 말이 덕(德)을 세울 수 있을까?' 하는 것입니다. 내가 하는 말이 사실이라 할지라도 그 말이 나의 인격을 깎아내릴 수 있습니다. 또한 상대방의 인격을 무시할 수도 있습니다.

한 입에서 전혀 다른 두 가지의 말을 하는 사람도 있습니다. 우리는 언행일치(言行一致) 이전에 언언일치(言言一致)의 삶을 살아야 합니다. 군자의 말은 적지만 실속이 있고, 소인의 말은 많지만 허한 것입니다. "상황이 어려울수록 희망·용기·치유의 언어를 구사하는 사람이 되라"는 말 속에는 가슴에 새겨 두어야 할 진리가 담겨 있습니다. 옛말에 "침묵은 금이다"라고 했는데, 지금은 꼭 그런 것만은 아닌 듯싶습니다.

077 서비스맨의 직업관

. . . . Speech 100

> **핵심 내용**   자신의 일을 생업으로 여기느냐, 직업으로 여기느냐, 천직으로 여기느냐에 따라 일에 임하는 마음가짐은 물론 만족과 성취도가 달라진다. 사람을 상대하는 서비스맨은 스스로 일의 의미를 찾아 생업을 직업으로, 직업을 천직으로 승화시켜야 보람을 느낄 수 있다.

금융기관에서 근무하는 직원들은 하루에도 많은 사람을 상대해야 하기 때문에 남다른 직업의식이 필요합니다. 미국 속담에 "옆집 잔디가 더 파랗게 보인다" 라는 말이 있고, 우리 속담에도 "남의 떡이 커 보인다" 라는 말이 있습니다. 사람들에게는 이처럼 남의 것이 좋아 보이고 자기의 것은 초라해 보이는 심리가 있지요. 그래서인지 자기 일에 기쁨과 희망을 갖고 임하지 못하는 사람이 적지 않습니다.

어떤 사람은 일에 자부심을 갖고 있는 반면에 어떤 사람은 마지못해서 일하고 있다고 생각합니다. 이러한 현상은 직업관의 인식에 달려 있지요. 흔히 일은 3가지로 분류합니다. 첫 번째로는 생업, 두 번째는 직업, 세 번째는 천직입니다.

먼저 '생업' 이라는 것은 일을 하기가 싫지만 '목구멍이 포도청' 이니 어쩔 수 없이 일을 한다는 것입니다. 그러니 하루하루의 일은 고통이며 지옥입니다. 이처럼 일을 생업으로 하는 사람에게는 성장을 바라기 어렵습니다.

두 번째로 '직업' 이라는 것은 전문가라는 의미가 있습니다. 직업이란 한 우물을 판다는 것이며, 여기에는 반드시 직업의식이 있게 마련이지요. 일을 생업으로 하는 경우에는 시간을 때우는 데 중점을 두고일을 대충대충 처리하지만, 직업으로서의 의식을 갖게 되면 일을 철저히 하게 됩니다.

다음으로 '천직' 이라는 것은 그 일을 하는 자체가 즐거운 상태가되는 것입니다. 하는 일이 즐겁고, 재미를 느껴 일을 더 잘할 수 없을까하는 연구를 하게 됩니다. 따라서 자신의 능력과 인격이 눈에 띄게발전하게 됩니다.

생업으로 일하는 서비스맨은 일 자체를 스트레스로 생각하고, 고객과의 대면이 두렵고 귀찮게 느껴질 것입니다. 그러나 직업으로 일한다면 전문가로서 문제에 부딪힐 때마다 돌파하는 지혜와 용기를 찾아낼 것입니다. 더 나아가 천직으로 일한다면 출근 자체가 즐거우며 고객의 불평·불만까지도 기쁜 마음으로 받아들이게 될 것입니다. 하루에도 수백 명의 많은 고객과 함께 생활하는 서비스맨은 스스로 일의의미를 깨닫지 못한다면 자신의 역할을 비하하게 됩니다. 따라서 일이 마음속에 생업으로 존재한다면 직업으로 바꾸도록 하고, 더욱 승화시켜 천직으로 바꾸어가야 합니다.

직장이란 결국 누가 누구를 위해서 일하는 곳이 아닙니다. 직장은어디까지나 여러분 자신을 위한 곳입니다.

078 직원들의 기를 살리는 리더

Speech 100

> **핵심 내용**　유능한 리더는 기본적으로 환경과 주변 사람을 탓하는 것이 아니라, 항상 나 자신을 먼저 돌아보고 반성하는 계기로 삼는다. 그리고 직원들의 기를 살리기 위해 최선을 다한다. 즉, 부하 직원의 기가 살아야 성과도 높아진다는 진리를 알고 있다.

활을 쏘는 사람들이 마음에 새기고 몸으로 터득해야 한다는 '집궁 8원칙'이라는 것이 있습니다. 이는 오늘날의 기업 경영에도 그대로 적용된다고 합니다.

'선관지형(先觀地形)'과 '후찰풍세(後察風勢)'는 우리가 지금 어떤 위치에 있는지 위치와 상황, 국제 상황 등을 고려해야 한다는 뜻입니다. '비정비팔(非丁非八)'과 '흉허복실(胸虛腹實)'은 운명을 뒤바꿀 수 있는 판단을 내릴 준비가 되어 있는지를 다시 한 번 돌아보라는 것입니다. '전추태산(前推泰山)'과 '후악호미(後握虎尾)'는 목표를 정했으면 전력을 다해 활시위를 당기라는 의미입니다. 과녁을 응시하고 하나하나 집중하여 활시위를 당기듯 하루하루 오늘의 목표를 정하고 최선을 다해 살라는 의미일 것입니다. '발이부중(發而不中)'과 '반구저기(反求諸己)'는 혹시 일이 잘되지 않았을 경우, 남을 탓하지 말고 자신을 먼저 돌아보아 반성하라는 뜻을 담고 있습니다. 최선을 다해 당긴 화살이라도 제대로 과녁을 명중시키지 못하는 경우가 있습니다. 그런 경우라도 불평과 불만의 마음을 삭이고 무엇이 잘못됐는지 나 자신을 먼저 돌아보고 반성하는 계기로 삼으라는 교훈입니다. 나 자신을 다스리지 못하면 아무것도 이룰 수 없습니다.

유능한 리더는 직원들의 기를 살리기 위해 최선을 다합니다. 즉, 부하 직원의 기가 살아야 성과도 높아진다는 진리를 깨닫고 있습니다.

LG경제연구원은 직원의 기를 살리는 리더가 갖춰야 할 6가지 덕목으로 다음과 같은 것을 꼽았습니다.

첫째, 명령만 하지 말고 부하 직원의 이야기를 경청하라(Listen).

둘째, 관심과 기대를 표현하는 데 인색하지 말라(Express).

셋째, 못한 것을 질책하기보다는 잘한 것을 칭찬하라(Applaud).

넷째, 의심하지 말고 믿고 맡기라(Depend on).

다섯째, 일하는 방법을 가르치라(Educate).

여섯째, 약점을 보완하기보다는 강점을 육성시키라(Rear) .

이렇게 유능한 리더는 기본적으로 집궁 8원칙을 기업 경영에 적용하고, 의욕이 있는 직원이 조직을 만든다는 사실에 유념하여 직원들의 기를 살리는 데 최선을 다합니다. 부하 직원의 기가 살아야 성과도 높아지기 때문입니다.

079 실천의 힘

Speech 100

> **핵심 내용**　학창 시절 선생님께서 자주 들려주시던 "아는 것이 힘이다"라는 격언이 학생들에게 배움의 중요성을 강조한 것이라면, "아는 것을 실천하는 것이 힘이다"라는 말은 실질적인 행동이 더 중요시되는 사회 생활을 하는 데 꼭 필요한 말이다.

한겨울의 혹독한 추위와 거센 바람을 이겨낸 끝에 어느 순간 움을 틔우고 꽃을 피워내는 자연의 이치를 보면 놀랍기 그지없습니다. 자연을 통하여 때로는 누운 풀처럼 겸손하게, 때로는 거센 비바람에도 흔들림 없는 소나무처럼 당당하게, 내가 서 있는 그 자리에서 나는 어떤 역할을 해야 하는가에 대해서 곰곰이 생각하게 됩니다.

나의 삶을 뒤돌아보면 주변의 많은 분들의 따뜻한 격려와 배려가 오늘의 나를 만들어 놓았다고 생각됩니다. 힘들고 지칠 때의 따뜻한 말 한마디는 위대한 인물로 만드는 첩경이며, 경시하는 말 한마디는 패륜아를 만드는 첩경이라 생각합니다. 각자 개인이 이 사회를 살아가면서 어떠한 사고(思考)를 가지고 세상을 바라보며 살고 있는가가 더 중요한 것 같습니다.

5월을 앞두고 그동안 잊혀져가는 것들을 기억하고 실천에 옮겨야 할 일이 많은 것 같습니다. 스승의 은혜, 어버이의 은혜 등등 여러 가지가 있지만 기억만 한다고 해서 되는 것은 아니라는 생각이 듭니다.

영어로 'No Action Talk Only'는 오로지 말만 하고 행동은 안 한다는 뜻으로, 많은 것을 느끼게 하는 말입니다. 정보의 홍수 속에 살고 있는 우리는 알고 있는 것이 너무 많습니다.

비근한 예로 고객만족이 기업의 생존으로 연결된다는 것은 누구나 다 아는 일입니다. 꼭 필요하다는 것도 인정하고 자신이 무엇을 해야 하는지도 잘 알고 있습니다. 회사에서는 그 일이 제대로 실천되고 있는지 매일매일 귀가 따갑도록 강조하고, 심지어는 모니터링까지 하여 직원들로 하여금 스트레스를 받게 하고 있습니다. 그럼에도 불구하고 조직원들이 순간순간 실천이라는 행동으로 옮겨주지 않으면 성과는 없고, 회사도 직원도 스트레스만 쌓이게 마련입니다.

과거 60~70년대에 우리 선생님께서 즐겨 사용하던 격언 "아는 것이 힘이다"라는 말씀은 한창 배움에 열중해야 할 그 당시 상황에 꼭 필요한 격언이었습니다. 하지만 실질적인 행동이 더 중요시되는 요즘 사회 생활에서는 "아는 것을 실천하는 것이 힘이다"라는 말이 오히려 적합한 것 같습니다.

080 지혜는 지식을 이긴다

.... **Speech 100**

> **핵심 내용**   세계적인 호텔 체인의 사장 미국 조지 볼트의 직업의식과 성공은 '지켜야 할 원칙에 우직하게 충실해야 이긴다'는 지혜를 알려주는 대표적인 사례이다. 그리고 지혜를 측정하는 핵심은 바로 창의력에 있다.

미국 필라델피아의 작은 호텔 지배인이던 조지 볼트의 이야기입니다. 비바람이 거세게 부는 날 늦은 시간 찾아온 노부부에게 객실이 없자 조지 볼트는 자신의 방을 기꺼이 내주었습니다. 그러자 노신사는 "미국에서 제일 좋은 호텔의 사장이 돼야 할 분인 것 같군요. 내가 청년을 위해 큰 호텔 하나 지어드리리다" 하면서 고마움을 표시했습니다. 조지 볼트는 이런 인연으로 2년 뒤 객실이 1442개인 '월도프 아스토리아 호텔'의 사장이 됩니다.

지혜를 겨루는 세 사람이 있었습니다. 한 명은 물리학자, 다른 한 명은 건축가, 그리고 마지막 한 명은 화가였는데 세 사람은 모두 기압계를 쥐고 탑 아래에 나란히 앉아 있었습니다. 그들의 지혜를 측정하는 시험 문제는 기압계를 이용해 이 탑의 높이를 정확하게 맞추는 것이었습니다. 세 사람은 지식 분야와 직업이 모두 달랐기 때문에 생각하는 방식 역시 가지각색이었습니다. 건축가는 특히 더 자신만만했습니다. 그는 재빨리 탑 아래에서 대기 기압을 측정하고는 탑 꼭대기에 올라가 다시 한 번 기압을 측정했습니다. 그리고 탑 아래와 꼭대기의 기압 차를 계산했습니다. 높이가 12미터 상승할 때마다 수은주가 1밀리미터씩 떨어진다는 점을 이용하여 탑의 높이를 계산했습니다. 건축가는 자신의 답이 확실하다고 생각했습니다.

물리학자는 탑 꼭대기에 올라가 손목시계의 초침을 봤습니다. 그리고 손에 쥐고 있던 기압계를 아래로 떨어뜨려 기압계가 지표면에 떨어지기까지 걸리는 시간을 정확하게 측정했습니다. 그리고 자유낙하공식을 이용하여 탑의 높이를 계산했습니다. 그는 자신의 과학 지식에 자부심을 느끼며 매우 뿌듯해했습니다. 그는 자신이 계산한 답이 탑의 실제 높이와 가장 근접할 것이라고 자신했습니다.

마지막 경쟁자인 화가는 문제를 접하고 아주 난감했습니다. 그는 물리학자처럼 적용할 만한 공식을 아는 것도, 건축가처럼 이런 일에 경험이 있는 것도 아니었기 때문입니다. 그러나 화가는 마음을 차분히 하고 오히려 이와 관련된 아무런 과학 지식이 없다는 점을 이용해 보기로 했습니다. 그러자 선택의 폭이 굉장히 넓어졌습니다. 그는 상상력을 최대한 발휘해서 고심한 끝에 기압계를 탑 관리인에게 선물했습니다. 그 대가로 사무실에 있는 탑 설계도를 보여 달라고 했습니다. 결국 화가는 아주 쉽게 설계도를 손에 넣을 수 있었습니다. 그는 설계도에 수북이 쌓인 먼지를 털어낸 뒤 정확한 탑의 높이를 알 수 있었습니다.

081 'NO'를 사랑하라

Speech 100

> **핵심 내용** 상대방이 "노(No)"라고 이야기하는 순간은 모든 것을 포기해야 하는 때가 아니라 그것을 얻기 위한 당신의 싸움이 시작되는 순간일 뿐이다. 기회의 문을 스스로 닫아버리지 않도록 훈련해야 한다.

세상을 살다보면 '예스(Yes)냐 노(No)냐'라는 선택의 문제에 자주 직면하게 됩니다. 저는 많은 사람들로부터 "모든 것을 긍정적으로 생각하라"라는 조언을 자주 들어왔습니다. 아마 어린 시절부터 굉장히 부정적인 감정을 지녔고 모든 행동에 그 낌새가 나타났기 때문이라고 생각됩니다. 다시 말해서 천성이 부정적이었을 것이고, 태어나기 전 엄마의 배 속에서 부정적인 자질을 키웠을지도 모릅니다. 여하튼 그것이 운명이든 우연이든 필연이든 'Yes냐 No냐'라는 선택의 문제에 자주 부딪히게 됩니다. 예컨대 배우자를 선택하는 경우 'Yes'를 선택했다면 자신의 선택을 믿고 끝까지 그 사랑을 지켜나가야 할 것입니다. 선택을 해야 할 때 'Yes가 No'보다 좋은 이유는 많습니다.

반면 우리는 'No'라는 단어를 사랑하는 법도 배워야 합니다. 조금 이상하게 들릴 수도 있지만 살아남기 위해서는 꼭 필요한 방법입니다. 상대방이 'No'라고 말할 때, 그때는 그것을 얻기 위한 당신의 싸움이 시작되는 순간일 뿐입니다.

다음은 보 피버디 갤리온의 '아주 단순한 성공법칙'의 일부 내용입니다.

"내가 'No'라는 단어를 사랑해야 한다는 것을 처음 깨달았던 때는 대학에 입학 원서를 낼 무렵이었다. 당시 나는 윌리엄스 대학에 진학하기로 결심했다. 윌리엄스 대학에 지원하는 학생 다섯 명 중 한 명, 윌리엄스 대학에 진학하는 것에 대해 심각하게 고려하는 학생 백 명 중 한 명, 고등학교에 있는 진학 상담교사에게 윌리엄스 대학에 가고 싶다고 얘기하는 학생 천 명 중 한 명만이 입학 허가를 얻어냈다. 나는 입학 허가를 받지 못했다. 사실 나는 고등학교 때 남들보다 월등히 성적이 뛰어난 학생이 아니었다. 그해, 우편을 통해 대학 측으로부터 얇은 봉투를 하나 받았다. 그 봉투 속에는 학교의 입학 시기, 기숙사 이용 안내, 룸메이트에 관한 정보 등은 전혀 들어 있지 않았다. 편지에 적힌 듣기 좋게 써내려간 모든 말들을 한마디로 정리하면 'No'였다. 나는 계획을 세워야 했다. 'No'라고 대답한 대학을 상대로 설득의 과정이 이제 막 시작되었을 뿐이었으니까."

대부분의 사람들은 상대방의 거부의사를 쉽게 받아들입니다. 그러나 쉽게 포기해서는 안 됩니다. 성공의 문은 결코 한두 번의 노크로 열리지 않습니다. 'No'라고 말하는 그 순간이 바로 상대방의 마음이 가장 약해지는 순간임을 명심해야 합니다. 승리가 눈앞에 온 순간, 그 기회를 놓쳐서는 안 됩니다. 그때가 바로 '예스(Yes)'를 끌어낼 수 있는 최적의 순간입니다.

082 당신의 미래를 훔치라

Speech 100

> **핵심 내용** 나의 미래를 '훔칠' 수 있다면 나는 아무런 걱정 없이 살 수 있을 것이다. 미래에 대해서 잘 알고 있으니 불안하지도 않을 것이고, 미래의 모습이 더 나아지기 위해서 어떤 노력을 해야 하는지 미리 알고 행동한다면 더 나은 미래의 모습을 만들 수 있기 때문이다.

미래의 모습이 더 나아지려면 어떤 노력을 해야 하는가를 미리 알고 행동한다면 더 나은 미래의 모습을 만들 수 있을 것입니다. 오늘날 많은 사람들이 대학을 졸업하고도 자신의 귀중한 시간과 노력을 오로지 몇 푼의 급료와 맞바꾸려고 하는 경향이 있습니다. 예컨대 하루 몇 시간씩의 노동의 대가로 급료를 주는 회사를 찾습니다. 누구에게나 돈은 필요합니다. 그것은 분명한 사실입니다. 그러나 일은 단지 급료를 받기 위해 하는 것 이상의 의미를 가집니다. 그것은 내가 느끼는 보람, 거기서 얻는 개인적인 성장까지를 포함합니다. 좋든 싫든 이런 결과는 성과를 이루어 낸 것에 대한 보상이지, 그저 시키는 대로 일만 한 것에 대한 보상은 아닙니다.

자신의 미래는 자신이 만들어 나가야 합니다. 누가 내 미래를 만들어 주는 것이 아니라 내 스스로 내가 만들어 가야 하는 것입니다.

내 미래를 붙잡을 것인가, 아니면 훔칠 것인가? 이런 질문을 스스로 해봅니다. 붙잡는다는 것은 나에게 다가온 것을 놓치지 않는다는 뜻이 있다면, 훔친다는 것은 그냥 있으면 내 것이 될 수 없는 것을 어떻게든 내 것으로 만든다는 의미가 강하게 내포된 말입니다.

정말 내가 나의 미래를 훔치려고 한다면 나의 미래에 대한 모든 가능성을 열어두고 진정으로 내가 하고자 하는 일에 모든 노력과 정성을 다 기울이게 될 것입니다. 그리고 그 결과는 우연히 다가온 어떤 상황을 그냥 받아들이는 것보다 훨씬 좋은 모습일 것입니다. 미래에 대해서 확고한 신념이 있으니 불안하지도 않을 것이고, 미래의 모습을 더 나아지게 하기 위해서 어떤 노력을 해야 하는지에 대한 회의나 갈등도 없을 것입니다. 지금부터라도 주어진 운명에 순응하기보다는 스스로 운명을 개척해 나가는 노력을 기울여 봅시다. 그러기 위해서 필요한 12가지를 정리해 보겠습니다.

① 일에 대한 열정을 불어 넣으라 ② 결코 마지막이라는 단어는 없다 ③ 주인의식을 가진 주인이 되라 ④ 가장 중요한 것은 최선을 다하라 ⑤ 자신의 재능을 일깨우라 ⑥ 버팀목이라는 태도를 버리라 ⑦ 더 나은 자신을 만들라 ⑧ 일단 시작한 일은 도중에서 포기하지 말라 ⑨ 성공의 지름길은 자신이 찾아가는 곳에 있다 ⑩ 새로운 영역을 개척하라 ⑪ 팀 플레이어가 되는 사람이 되라 ⑫ 긴장을 풀고 경쾌하게 지금을 즐기라 등입니다.

083 불가능을 지우라

························· **Speech 100**

> **핵심 내용** 당신도 불가능이란 단어를 단호히 거부해 보라. 굳이 사용해야
> 한다면 단어 사이에 아포스트로피(')를 찍어보라. 그러면 불가능(Impossible)
> 은 어느새 '나는 할 수 있다'는 뜻의 'I'm possible'로 바뀔 것이다.

세계적인 성공학자 나폴레온 힐은 어렸을 때부터 작가가 되는 것이 꿈이었습니다. 하지만 힐의 집은 너무 가난해서 정규교육조차 제대로 받기 어려웠습니다. 어느 날 어린 힐이 조심스럽게 자신의 꿈을 털어놓자, 친구는 대뜸 이렇게 말했습니다.

"안됐지만 네 꿈을 이루는 건 불가능해 보여."

그날 이후 힐은 조금씩 돈을 모아 제일 좋은 사전을 샀습니다. 열심히 독학해 유려한 글 솜씨를 갖추기 위해서였습니다. 그런데 힐이 사전을 사자마자 한 기이한 행동이 있었습니다. 사전에서 불가능(Impossible)이라는 단어를 찾아 오려낸 것입니다. 힐은 자신의 사전에서 '불가능'이라는 단어를 아예 제거해 버리고 싶었습니다. 성공한 뒤로도 힐은 사전이 새로 생길 때면 어김없이 'Impossible'이라는 단어 위에 검은 줄을 그었다고 합니다.

훗날 그는 청중 앞에서 이와 같이 말했습니다.

"지금까지 나는 '불가능'으로 생각했던 것들이 '가능'으로 바뀐 사례들을 수없이 보아 왔습니다. 그래서 나는 이 세상에 불가능이 존재하지 않는다고 확신합니다. 그러므로 내 사전에도 불가능이란 말은 필요하지 않습니다."

힐처럼 당신도 불가능이란 단어를 단호히 거부해 보십시오. 굳이 사용해야 한다면 단어 사이에 아포스트로피(')를 찍으십시오. 그러면 불가능(Impossible)은 어느새 '나는 할 수 있다'는 뜻의 'I'm possible'로 바뀔 것입니다.

이처럼 성공한 사람들은 불가능이란 말을 잘 쓰지 않는 사람들이 대부분입니다. 불가능을 가능하게 만드는 사람들에게는 도전정신이라고 해도 되고, 승부근성이라고 해도 좋을 그런 정신이 몸에 배어 있습니다. 그렇다고 집착은 절대 아닙니다. 아마도 그들은 아주 작은 것에서도 만족을 얻고, 그것을 소중하게 다루고 키운 결과로 어려운 일을 가능하게 만들지 않았을까요?

행복감은 바로 '가능'이 크든 작든 관계없이 그것을 이루는 성취감에서 오는 보람이라는 생각이 맞다고 생각하신다면 지금부터라도 불가능(Impossible) 앞에 아포스트로피(')를 자주 활용해 보십시오.

084 솔개의 선택

Speech 100

> **핵심 내용** 솔개는 가장 장수하는 조류로 알려져 있다. 솔개는 최고 약 70세의 수명을 누릴 수 있는데, 이렇게 장수하려면 약 40세가 되었을 때 매우 고통스럽고 중요한 결심을 해야만 한다.

어느 주교의 묘비명에 이런 교훈이 적혀 있다고 합니다.

"내가 젊고 자유로워서 상상력의 한계가 없었을 때, 나는 세상을 변화시켜야겠다는 꿈을 가졌었다. 그러나 좀 더 나이가 들어 지혜를 얻었을 때, 나는 세상이 변하지 않으리라는 것을 알았다. 그래서 내 시야를 약간 좁혀 내가 살고 있는 나라를 변화시켜야겠다고 결심했다. 그러나 그것 역시 불가능한 일이라는 것을 알았다. 나는 마지막으로 나와 가장 가까운 내 가족을 변화시켜야겠다고 마음먹었다. 아아~, 그러나 나는 아무것도 변화시키지 못했다. 이제 죽음을 맞기 위해 자리에 누워 문득 깨닫는다. 만약 내가 내 자신을 먼저 변화시켰더라면 그것을 보고 가족이 변화했을 것을, 또한 그것에 용기를 내어 내 나라를 더 좋은 곳으로 바꾸었을 것을, 그리고 누가 아는가, 세상까지도 변화되었을는지…."

솔개는 가장 장수하는 조류로 알려져 있습니다. 솔개는 최고 약 70세의 수명을 누릴 수 있는데, 이렇게 장수하려면 약 40세가 되었을 때 매우 고통스럽고 중요한 결심을 해야만 합니다. 솔개는 약 40세가 되면 발톱이 무뎌져 사냥감을 효과적으로 잡아챌 수 없게 됩니다. 부리도 길게 자라고 구부러져 가슴에 닿을 정도가 되고, 깃털이 짙고 두껍게 자라 날개가 매우 무겁게 되어 하늘로 날아오르기가 나날이 힘들게 됩니다.

이때가 되면 솔개에게는 두 가지 선택이 있을 뿐입니다. 그대로 죽을 날을 기다리든가 아니면 약 반년에 걸친 매우 고통스런 갱생 과정을 수행하는 것입니다. 갱생의 길을 선택한 솔개는 먼저 산 정상 부근으로 높이 날아올라 그곳에 둥지를 짓고 머물며 고통스런 수행을 시작합니다. 먼저 부리로 바위를 쪼아 부리가 깨지고 빠지게 만듭니다. 그러면 서서히 새로운 부리가 돋아납니다. 그런 후 새로 돋은 부리로 발톱을 하나하나 뽑아냅니다. 그리고 새로 발톱이 돋아나면 이번에는 날개의 깃털을 하나하나 뽑아냅니다. 그리하여 약 반년이 지나 새 깃털이 돋아난 솔개는 완전히 새로운 모습으로 변신하게 됩니다. 그리고 다시 힘차게 하늘로 날아올라 30년의 수명을 더 누리게 되는 것입니다.

나 하나 꽃 피어 풀밭이 달라지겠냐고 말하지 맙시다. 네가 꽃 피고 나도 꽃 피면 결국 풀밭이 온통 꽃밭이 되는 것 아니겠습니까? 나 하나 물들어 산이 달라지겠느냐고도 말하지 맙시다. 내가 물들고 너도 물들면 결국 온 산이 활활 타오르는 것 아니겠습니까?

085 그런 척하기(As if) 원칙

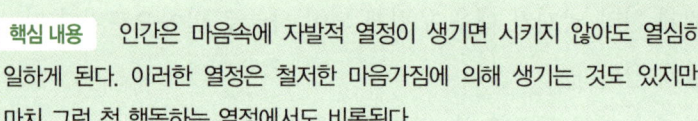

Speech 100

> **핵심 내용** 인간은 마음속에 자발적 열정이 생기면 시키지 않아도 열심히 일하게 된다. 이러한 열정은 철저한 마음가짐에 의해 생기는 것도 있지만, 마치 그런 척 행동하는 열정에서도 비롯된다.

심리학자인 윌리엄 제임스 하버드대 교수는 유명한 '그런 척하기(As if) 원칙'이란 것을 발표했습니다. 이 원칙은 어떤 자질을 갖고 싶으면 그것을 이미 가지고 있는 것처럼 행동하라는 것으로, 슬럼프를 극복하기에 매우 좋은 방법입니다.

서울 도선사의 청담스님은 "팔만대장경 전부를 두 글자로 줄이면 '마음'이다. 그래서 나는 50년 가까이 이 마음이라고 하는 것을 공부했다"고 말씀했습니다. 마음은 육체의 면역 체계와 정서적·정신적 건강, 행복 그리고 성공에까지 영향을 줍니다.

베임스 앨런이란 사람은 "육체는 마음의 노예다"라고 말했습니다. 육체는 의식적이건 무의식적이건 마음 가는 대로 움직이는 것입니다. 인간의 행동은 마음이 결정하는 것입니다. 마음에 미리 그린 것이 있으면 행동으로 나타나는 것입니다. 어떤 학교에 진학할까 생각하는 것도, 친구를 사귀는 것도, 회사를 선택하는 것도 모두 마음속에 그려놓은 청사진에 따라 결정하는 것입니다.

달걀을 품으면 병아리가 나옵니다. 오리 알을 품으면 오리가 나오고, 독수리 알을 품으면 독수리가 나옵니다. 내가 어떤 마음을 품느냐가 나를 만들고 삶을 만듭니다. 현재 자신의 모습은 자신이 마음에 품은 것의 결과물입니다.

마음이 즐겁게 되면 밝고 즐거운 스케줄이 만들어지고, 그것이 현상으로 나타나서 밝고 즐거운 운명을 만들어내는 것입니다. 생각은 행동이 되고, 행동은 습관을 낳고, 습관은 품성을 만들고, 품성은 운명을 결정합니다.

윌리엄 제임스 교수는 "먼저 유쾌한 척하라. 행동은 감정에 따르는 것 같지만 실제로 행동과 감정은 병행한다"라고 했습니다. 링컨도 "우리는 우리가 행복해지려고 마음먹은 만큼 행복해질 수 있다. 우리를 행복하게 만드는 것은 우리를 둘러싼 환경이나 조건이 아니라, 늘 긍정적으로 세상을 바라보며 아주 작은 것에서부터 행복을 찾아내는 우리 자신의 생각이다. 행복해지고 싶으면 행복하다고 생각하라"며 마음가짐의 중요성을 강조했습니다.

지금의 내 모습이 싫다면 마음을 돌려보면 어떨까요. 지금 당장 거울을 한번 보십시오. 찡그린 얼굴을 하고 있다면 반성할 필요가 있습니다. 다른 사람을 시기하는 부정적인 마음으로 가득 차 있다면 빨리 버리십시오. 부정적인 생각은 암이 우리의 육체를 파괴하듯 우리의 삶을 파괴합니다.

086 가진 것 없어도 베풀 수 있는 7가지

Speech 100

> **핵심 내용** 부처는 "재산이 없어도 베풀 수 있는 방법이 있다"며 7가지 방법을 가르쳤다. 화안시(和顔施), 언사시(言辭施), 심시(心施), 안시(眼施), 신시(身施), 상좌시(床座施), 방사시(房舍施)가 그것이다. 자신의 이익보다 타인을 우선 배려하는 사람은 당장 손해를 보는 것 같지만, 나중에는 훨씬 더 큰 것을 얻는다.

회사를 운영하는 데 있어 기술과 인력도 중요합니다만, 무엇보다 중요한 것은 사람에 대한 신뢰(Human Credit, 휴먼 크레디트)입니다. 휴먼크레디트는 하루아침에 쌓이는 것이 아니며, 기술이나 재주만 가지고 만들어지는 것도 아닙니다.

한국유리 최태섭 초대회장은 휴먼크레디트로 성공 신화를 보여준 대표적인 기업가입니다. 그는 일제 시대 때 만주에서 곡물상을 운영하면서 날콩을 추수 전에 미리 사들였다가 추수가 끝난 뒤에 파는 일을 했습니다. 그러나 전쟁이 일어나면서 추수 전후의 가격차가 20배나 났습니다. 그는 전쟁 전에 이미 자신의 콩을 사기로 한 업자들과 계약을 해놓은 상태였습니다. 값이 20배나 뛰었으니 계약금을 두 배로 물어주고 다시 새로운 사람에게 팔아도 훨씬 높은 이익을 챙길 수 있었습니다.

하지만 그는 수백 가마니의 콩을 당초 계약한 사람들에게 원래 가격대로 팔았습니다. 그 모습을 보고 주위에서 모두 그를 바보로 취급했습니다. 그러나 이 사실이 중국 사회에 널리 알려지면서 중국 사람들은 오로지 최 회장하고만 거래하려고 했습니다. 그에게 믿을 만한 사람이라는 별명이 생긴 것입니다. 그는 손해를 본 것보다 훨씬 더 많은 돈을 일 년 이내에 벌게 되었고, 그때 번 돈을 가지고 고국에 돌아와 큰 기업을 이룰 수 있었습니다. 사람에 대한 신뢰가 가져다 준 축복의 결과였습니다.

부처님은 가진 것이 없는 사람도 남에게 베풀 수 있는 7가지(무재칠시, 無財七施)가 있다는 가르침을 주고 있습니다.

화안시(和顔施) : 얼굴에 미소를 띠고 남에게 부드럽게 대하라.

언사시(言辭施) : 남에게 친절하고 따뜻한 말을 하라.

심시(心施) : 착하고 어진 마음으로 사람을 대하라.

안시(眼施) : 호의를 담아 부드럽고 편안한 눈빛으로 남을 마주하라.

신시(身施) : 몸으로 남에게 봉사하고 친절을 베풀라.

상좌시(床座施) : 남에게 자리를 찾아주거나 편안하게 해주라.

방사시(房舍施) : 사람들이 편안하게 쉴 수 있는 공간을 제공하라.

방사시 대신에 찰시(察施)를 무재칠시에 넣기도 하는데, 이는 남의 세세한 것도 살펴 헤아리라는 뜻입니다. 이는 모두 자신의 이익보다 타인을 우선한 신의를 베푸는 사람은 당장 손해를 보는 것 같지만 나중에는 훨씬 더 큰 것을 얻는다는 교훈입니다.

087 이순신 장군으로부터 배우는 인생 교훈

Speech 100

> **핵심 내용** 이순신 장군의 생애는 역경과 좌절의 연속이었다. 그럼에도 불구하고 왜적과 스물세 번 싸워 단 한 번도 패하지 않고 왜적을 물리쳐 나라를 구했다. 주어진 환경을 극복하고 이룩한 그 업적은 불멸의 인생 교훈이다.

이순신 장군의 생애와 이를 극복한 위대한 업적을 정리하면 감동적인 인생의 교훈을 얻을 수 있습니다. 다음은 공주대 김덕수 교수의 '맨주먹의 CEO 이순신에게 배워라'의 한 대목입니다.

집안이 나쁘다고 탓하지 말라. 나는 몰락한 역적의 가문에서 태어나 가난 때문에 외갓집에서 자라났다.

머리가 나쁘다 말하지 말라. 나는 첫 시험에서 낙방하고 서른둘의 늦은 나이에 겨우 과거에 급제했다.

좋은 직위가 아니라고 불평하지 말라. 나는 14년 동안 변방 오지의 말단 수비 장수로만 돌았다.

윗사람의 지시라 어쩔 수 없다고 말하지 말라. 나는 불의한 직속상관들과의 불화로 몇 차례나 파면과 불이익을 받았다.

몸이 약하다고 고민하지 말라. 나는 평생 동안 고질적인 위장병과 많은 병으로 고통 받았다.

기회가 주어지지 않는다고 불평하지 말라. 나는 적군의 침입으로 나라가 위태로워진 후에야 마흔일곱에 제독이 되었다.

조직의 지원이 없다고 실망하지 말라. 나는 스스로 논밭을 갈아 군자금을 만들었고 스물세 번 싸워 스물세 번 모두 이겼다.

윗사람이 알아주지 않는다고 불만 갖지 말라. 나는 끊임없는 임금의 오해와 의심으로 모든 공을 뺏긴 채 옥살이를 해야 했다.

자본이 없다고 절망하지 말라. 나는 빈손으로 돌아온 전쟁터에서 12척의 낡은 배로 133척의 적을 막았다.

옳지 못한 방법으로 자식을 사랑한다 말하지 말라. 나는 스무 살의 아들을 적의 칼날에 잃었고 또 다른 아들들과 함께 전쟁터로 나섰다.

죽음이 두렵다고 말하지 말라. 나는 적들이 물러가는 마지막 전투에서 스스로 죽음을 택했다.

이순신 장군이 주어진 환경을 극복하고 이룬 업적은 지금 우리가 마음 깊이 되새겨야 할 불멸의 인생 교훈입니다.

2

주제별 스피치

6장_인사말 모음

088 송별회에서 떠나는 사람의 인사

> **핵심 내용** 송별의 섭섭함과 재임 중 동료들의 은덕과 고마움을 표시하고, 다시 만나기를 기대하면서 감사의 말씀을 드린다.

오늘 바쁘신 중에도 저를 위해 이렇듯 성대한 송별회를 열어 주셔서 뭐라고 감사의 말씀을 드려야 할지 모르겠습니다. 정말 감사합니다.

제가 여기서 근무를 한 지도 벌써 5년이 되었습니다. 그동안 큰 실수 없이 무사히 오늘날까지 일할 수 있었던 것은 윗분들의 따뜻한 지도와 동료 여러분들의 협조, 그리고 후배 여러분들의 헌신적인 협력 덕분이라고 생각합니다.

○○지점 가족 여러분!

2년 전 느닷없이 여러분의 둥지에 들어와 여러분의 미래와 꿈을 함께 나누었던 저를 행복한 마음으로 떠나게 해주셔서 감사드립니다.

그동안 여러분으로부터 업무에 대한 열정과 지혜를 배웠고, 여러 동료로부터 다양한 은혜를 입었습니다. 여러모로 부족한 저를 받아주고, 도와주고, 가르쳐주셔서 정말 고맙습니다. ○○ 지점의 발전과 직원들의 사기진작을 위해 머리를 맞대고 진진한 토론을 벌이곤 하던 기억과, 우리는 하나이며 우리 농협의 주인임을 확인한 체육행사는 결코 잊지 못할 것입니다.

재임 중 뭔가 일다운 일을 해 보겠다고 나름대로의 포부와 희망을 가지고 시작했습니다만, 뜻과는 달리 무엇 하나 만족스럽게 해낸 것이 없이 이곳을 떠나게 되어 실로 유감입니다. 돌아보면 저 자신의 무능함이 한없이 원망스럽기만 합니다.

그러나 제 후임으로 유능하신 전문가가 오셔서 지금까지 제가 못다한 몫까지 해주시리라 기대합니다.

새로운 임지 ○○은 저에게는 다소 낯선 곳이기는 합니다만, 여러분들과 다시 함께 일할 날이 오기를 기대하며 진인사대천명(盡人事待天命)의 자세로 열심히 일하고자 합니다.

그럼 간단하나마 이것으로 인사말을 마치겠습니다. 여러분, 정말 감사합니다.

089 퇴임하는 선배님을 위한 송별사

Speech 100

> **핵심 내용**   퇴직자에 대한 공로를 기리고 새로운 출발에 대한 축하 말씀을 드리며, 아울러 늘 건강하고 화목하시길 기원한다.

여러분 안녕하십니까? 우리는 지금 그동안 정들었던 선배님들과 아쉬운 석별의 정을 나누기 위해서 이 자리에 모였습니다.

먼저 지난 30여년 동안 농협 발전을 위해 헌신하시다가 오늘 그 소임을 마치고 농협을 떠나게 되신 선배님들의 노고와 뜨거운 열정에 깊은 존경과 감사의 말씀을 드립니다.

오늘 퇴임하시는 선배님들은 대부분 농협 창립 초기에 입사하셔서 오로지 농업과 농촌을 사랑하는 마음으로 인생의 황금기를 농협 운동에 헌신하여 오늘의 농협이 있게 하신 주역들이십니다.

농협이 어려운 고비를 맞을 때마다 슬기로운 지혜로 잘 이끌어주셨고, 쏟아부은 정성의 흔적이 미치지 않은 곳이 없습니다.

이러한 선배님들의 열정과 노력을 통해서 우리는 그 많은 어려운 난관들을 극복하고 발전과 성장의 꽃을 피울 수 있었습니다.

평생을 바쳐 한 직장에서 일하고 명예롭게 퇴직한다는 것은 부단한 성실성과 인내심, 그리고 회사를 사랑하는 마음 없이는 불가능한 일이라고 생각합니다.

또한 선배님들의 명예로운 퇴임은 개인적인 영광일 뿐만 아니라, 후배 직원들에게도 분명 큰 귀감이 될 것입니다. 선배님들께서 남기신 눈부신 업적들은 각 분야에서 저희 후배들의 삶의 이정표가 될 것이며, 한결같았던 열정과 의지는 후배들의 가슴속에 맥으로 이어져 농협 발전의 원동력이 될 것이라 확신합니다.

그동안 선배님들께서 흘리신 땀의 의미를 남아 있는 저희 후배들이 마음속 깊이 되새겨 더욱 굳건한 농협, 농업을 위한 농협이 되도록 노력해 나가겠습니다.

아울러 이 자리를 빌려 선배님들의 가족분들께 감사의 말씀을 전하고 싶습니다. 선배님들께서 오랜 근무 기간 동안 변함없이 올바른 농협인의 길을 걸어올 수 있었던 것 모두가 사모님과 가족들의 헌신적인 내조가 있었기에 가능했을 것입니다.

선배님들의 가정에 늘 화목과 행운이 함께하시고, 새로 출발하시는 제2의 인생도 더욱 보람되시길 빕니다.

선배님들의 건승을 기원합니다. 감사합니다.

090 도서 발간 추천사

Speech 100

> **핵심 내용** 　도서 발간을 축하하면서 이 책이 널리 애독되어 독자들이 생각의 영역을 넓히고 마음의 양식으로 삼는 데 큰 도움이 될 것을 바란다는 점을 강조한다.

농업은 국민의 관심 속에서 존재하고 성장하는 산업입니다. 국민과의 따스한 교감이 있어야 생기 있는 농업생산과 활력 있는 농촌생활이 가능해집니다.

오늘의 우리 농업계가 당면한 가장 큰 과제는, 시장에서 거래되는 화폐가치의 잣대로만 농업의 크기를 측정하려 하고 자기 부모형제가 살고 있는 지역에 한정된 이해관계로만 농촌을 바라보는 도시민의 시야를 넓혀주는 일입니다.

농업인이나 농업 관련 분야 종사자들은 농촌의 환경적 · 문화적 가치 등 농업의 다원적 기능을 힘써 설명하지만, 바쁜 일상속의 도시민에게는 지나가는 남의 이야기로만 들릴 뿐입니다.

농촌에서 멀리 떨어져 있는 도시민의 닫힌 마음에 파고들어 농업과 농촌에 대한 애정 어린 관심을 심어주기 위해 활발한 교육 · 연구

활동을 하고 있는 저자 ○○○씨에 대한 기대가 더욱 커지고 있습니다. 그동안 틈틈이 발표했던 글을 모아 펴낸 이 한 권의 책이 도시민의 사고의 영역을 넓히면서 우리 농업·농촌에 희망을 불러오는 한 줄기 시원한 바람의 역할을 해낼 것으로 믿습니다.

또한 도시민의 마음을 움직이는 농업·농촌이 되기 위해 농업인이 어떻게 생각하고 행동해야 하며, 어떻게 자기 마을을 발전시켜 나갈지에 대하여 명쾌하게 제시한 내용들이 농업인에게 큰 도움이 되리라고 생각합니다.

이번에 저자가 많은 노력을 기울여 발간한 '초원의 유혹'이 널리 애독되어 도시민의 생각하는 영역을 넓히면서 삶을 더욱 살찌게 하는 동시에, 우리 농업·농촌이 내일의 꿈을 키우고 성취하는 데도 기여하기를 기대합니다.

091 포럼 인사말

.... Speech 100

> **핵심 내용** 포럼의 주제와 선정 배경, 중요성을 간략하게 설명하고, 개최 측에서 포럼과 관련해 실시해온 그간의 활동에 대해서도 일목요연하게 언급한다. 아울러 포럼을 통해 거두고자 하는 성과에 대해서도 분명하게 제시한다.

상생은 협동조합의 근본 원리이며 핵심 역량입니다. 상생경영은 환경 변화에 대한 능동적 대응과 농업과 농촌의 중요성에 대한 국민적 공감대 형성, 그리고 계통 간 상생 등 새로운 도약을 위한 우리 농협의 패러다임입니다.

특히 농협 회장님께서는 농협의 슬로건을 '농협다운 농협, 신뢰받는 농협, 하나 되는 농협'으로 천명하시고, 이를 달성하기 위해 5대 운영지표 중의 하나로 '상생·협력 경영 실천'을 하나의 상생활동 원리로 채택하셨습니다.

우리 ○○원은 이 같은 상생경영을 선도적으로 추진하기 위해 연초부터 ○○원에 입교하는 조합과 중앙회 직원들에게 상생 우수사례와 추진방안에 대해 사전학습과제를 부여하고, 교육기간 중 상호토론을 실시하며 다양한 의견을 교환하고 공감대를 형성했습니다. 아

222 | 농협 임직원을 위한 3분 스피치 100선

울러 일선 농협과 상생협약을 체결하여 상생 실천방안 연구를 위한 학습동아리를 운영하고 있으며, 농협상생포럼 조직 및 상생포럼 개최 등 연중 365일 상생 교육활동을 지속적으로 실시하여 왔습니다.

금번 상생포럼이 자연과 인간의 상생, 농업인과 소비자의 상생, 농촌과 도시와의 상생과 함께, 내부적으로는 조합과 중앙회, 농촌 농협과 도시 농협, 계열사와 중앙 회간 상생을 바탕으로, 계통 조직의 역량을 결집하여 국내외적인 경제 위기를 슬기롭게 극복하고 세계 일류 협동조합을 이루는 계기가 되었으면 하는 바람입니다.

감사합니다.

092 모임 회장 취임사

. . . . **Speech 100**

> **핵심 내용** 참석자에 대한 예의를 갖추고, 사업 추진을 위한 회원의 적극적인 참여와 협력을 구하고, 아울러 회원 간의 화합을 강조한다.

존경하옵는 자문위원님! 그리고 더불어 함께하는 동지 여러분!

새해가 밝았습니다. 새해를 맞이하는 마음은 늘 이렇게 부푼 꿈과 새로운 설계로 벅차 오는 것 같습니다. 의향의 고향이요, 교육의 도시이며, 한반도 남단의 중심 도시로 부상하고 있는 이 고장에서 봉사와 우정의 기치를 앞세우며 지역 발전의 주역이 되고자 다짐한 우리들의 결의가 벌써 ○○년째를 맞이하고 있습니다.

그간 자문위원님들의 따뜻한 격려와 동지 여러분들의 결속과 참여 속에서 봉사와 단합에 대한 자신감을 갖게 되었으며, 역대 회장님들의 업적 또한 날로 그 빛을 더해가고 있습니다.

오늘 부족함이 많은 제가 전통 깊은 ○○○회의 ○○대 회장으로 취임하게 됨을 무한히 기쁘게 생각하며, 한편으로는 그 사명감과 책임감으로 두려움이 앞서기도 합니다.

그러나 동지 여러분! 제 곁에는 여러분들의 우정과 성원이 있음을 압니다. 그리고 늘 격려와 지도를 아끼지 않으시는 자문위원님이 계심을 압니다. 더불어 우리에겐 의욕에 찬 젊음이 있음을 압니다. 저는 조금도 망설임 없이 당당하게 우리 ○○○회의 회장으로서 의무와 역할을 감당해 나갈 것입니다. 또한 한 걸음 더 발전하는 ○○○회가 될 수 있도록 여러분과 함께 노력해 나갈 것입니다. 동지 여러분들이 지난 한 해 보여주었던 열정과 봉사의 마음이 올해에도 변함없이 계속되기를 바라마지 않습니다.

저는 여러분들의 지원과 우정 속에서 내적으로는 회원 상호간의 폭넓은 교제를 통하여 이해와 온정을 더욱 돈독히 해 나갈 것이며, 신입회원을 보다 많이 확충하여 조직력을 확대해 나가는 데 힘쓰고자 합니다. 또한 외적으로는 사업 확충을 위해 더욱 힘써 나갈 것입니다. 대내외에 ○○○회의 존재를 확실히 알리는 한 해가 되도록 열심히 뛰겠습니다.

○○○회 동지 여러분! 새해는 '소'의 해입니다. 소의 끈기와 인내로 어려운 이웃을 보듬고 서로 힘을 모아 함께 노력한다면 우리는 반드시 올해를 희망의 해로 만들 수 있습니다.

끝으로 ○○○회의 발전을 위해 각별한 관심과 축하를 아끼지 않으시고 바쁘신 중에도 참석하여 주신 자문위원님과 내외빈 여러분께 감사의 말씀을 드리며, 이 자리에 함께 하신 ○○○회 모든 가족 여러분께도 건강과 행운이 늘 함께하기를 기원합니다.

감사합니다.

093 모임 회장 이임사

.... **Speech 100**

핵심 내용 참석자에 대한 감사의 말씀과 함께 재임 기간 중의 협력에 고마움을 표시한다. 또한 후임 회장에 대한 적극적인 지지와 참여를 부탁한다.

이 자리를 빛내 주시고 늘 ○○○회에 깊은 관심과 지도편달을 아끼지 않으시는 자문위원님께 먼저 진심으로 감사의 말씀을 올립니다.

제가 지난 1년 동안 대과없이 ○○○회의 회장으로서 소임을 다할 수 있도록 도와주신 ○○○회 동지 여러분께도 이 자리를 빌려 고맙다는 인사를 드립니다. 그리고 ○○○회 일이라면 늘 애정을 가지고 따뜻하게 협력해주신 부인 회원을 비롯한 모든 가족 회원님께 깊은 감사의 말씀을 드립니다.

지난 한 해는 실질적인 봉사활동의 원년이라고 할 수 있을 만큼 연초의 사업계획대로 착실히 봉사활동을 한 해라고 자부합니다. 이젠 우리 ○○○회가 이 지역에서뿐만 아니라 인근 지역에서도 봉사활동을 제대로 한 단체라고 칭찬이 자자합니다.

이것은 그동안 온 정열을 다해 ○○○회를 이끌어주신 자문위원님과 회원 여러분의 전폭적인 지지 덕분이었다고 생각합니다. 저는 우리 ○○○회가 다음 해에도 지난 새 천년 시작의 역동과 같이 더욱 실속 있고 강하게 발전해 가리라 믿어 의심치 않습니다.

더구나 제 ○○대 회장에 취임하게 된 ○○○ 회장께서는 우리 ○○○회에 남다른 애정과 의욕을 가지고 있을 뿐만 아니라 강한 추진력을 겸비한 지도자라 생각됩니다.

동지 여러분들이 지난 한 해 보여 주셨던 열정과 봉사의 마음을 2001년도를 이끌어 갈 ○○대 회장단에게도 아낌없이 쏟아주시기 바랍니다.

돌이켜보건대, 지난 한 해 동안 의욕을 앞세운 데 비해 내실을 기하지 못한 점이 있었던 것 같습니다. 그럼에도 불구하고 끝까지 함께 해 주신 회원 여러분과 따뜻한 마음으로 격려하여 주신 자문위원님들께 감사의 말씀을 드립니다.

아무쪼록 우리 ○○○회가 이 지역의 명실상부한 봉사단체로서 자리 잡아 지역의 발전과 어려운 이웃을 위해 필요한 존재가 될 것을 바랍니다.

다시 한 번 이 자리에 참석하여 주신 자문위원님과 ○○○회 가족 여러분께 감사를 드리면서 이임사로 대신합니다. 감사합니다.

094 칠순연 축사

Speech 100

> **핵심 내용**　참석한 모든 하객을 대표하여 축복의 말씀을 전하고, 일생 동안 자제분들을 위해 수고하신 정성을 찬양하고 만수무강을 기원한다.

이렇게 참석하여 축하해 주셔서 감사합니다.

오늘 건강하고 기쁜 모습으로 칠순을 맞으신 어머님께 여기 오신 모든 분을 대표하여 축하와 축복의 말씀을 드립니다.

더불어 오늘 이 자리를 성대하게 정성껏 준비하신 ○○○ 여사의 자제분들과 가족께도 축하의 말씀을 드립니다.

칠순을 건강하고 다복하게 맞으신 ○○○ 여사께서는 여러분께서도 잘 아시는 것처럼 평소 정직과 성실을 가훈으로 올바르고 당당하게 자녀들을 키워 주셨으며, 큰아들은 농협의 상무님으로, 둘째는 대기업의 부장님 등으로 자녀분들이 모두 사회 각계에서 중요한 역할을 감당하고 있습니다.

어머님은 평소 이웃간에 덕으로 교제하시고, 어려운 이들에게는 온정을 베풀면서 인생을 살아오신 분입니다.

또한 장손이신 ○○○씨를 비롯한 자제분들이 평소에도 효성과 효심이 지극하다는 사실은 이미 모르는 분들이 없을 것입니다. 특히 아버님께서 2년전 작고하신 이후에는 어머님의 마음에 행여 어려움이 있으실 세라 더욱 조심스럽게 어머님을 모시고 있습니다.

오늘 이 자리에 아버님이 함께하셨다면 얼마나 더 기뻤을까 하는 서운한 마음 또한 감출 길이 없습니다.

앞날에도 어머님의 만수무강과 행복을 기원하면서 이 가정의 평강과 건승을 축원하는 진정 어린 박수를 다같이 올립시다.

축하합니다, 어머님! 감사합니다.

칠순연 진행 순서

① 개식사 ② 주빈 약력 소개 ③ 가족 대표 인사 ④ 가족 소개 ⑤ 내빈 대표 인사(또는 축사) ⑥ 헌화 또는 헌수 ⑦ 축가 또는 축하케이크 절단 ⑧ 축배 ⑨ 식사 및 여흥 ⑩ 폐회사 및 사진 촬영

095 칠순연 답사

Speech 100

핵심 내용 참석한 하객들에게 감사의 말씀을 전한다. 아울러 칠순연의 주인공인 부모님에게는 그동안 베풀어주신 사랑과 은혜에 효성과 존경으로 보답할 수 있도록 앞으로 오래오래 건강하시라는 인사를 올린다.

오늘 저희 형제들을 키워 주신 어머님의 칠순을 맞아, 바쁘신 중에도 어머님의 건강을 축하해 주시기 위해 이 자리에 함께 해주신 모든 분들께 감사드립니다.

오랜 세월 동안 고생을 마다하지 않으시고 저희 형제들의 뒷바라지에 평생을 바쳐오신 어머님의 만수무강을 기원하고, 그 기쁨을 가까운 친지 어르신들과 평소에 저희들 가까이에서 지켜봐 주시는 고마운 분들과 함께하고자 조촐하나마 이렇게 자리를 마련하였습니다.

이 자리에 참석하여 주신 모든 분들께 집안을 대표해서 다시 한 번 감사의 말씀을 올립니다. 차린 것은 많지 않습니다만, 즐거운 마음으로 어머님의 칠순연 자리를 같이해주시고 많은 행복을 어머니의 가슴에 담아주시기 바랍니다.

흔히 부모님의 은혜를 가리켜 하늘보다 높고 바다보다 깊다고 합니다만, 한결같이 자식들에게 베풀어 주신 어머님의 은혜는 어디에도 견줄 수가 없군요.

혹 이런 어머님께 심기를 불편하게 해드리거나 서운하게 해드린 일은 없는지 지난날을 되새겨 보면서, 앞으로도 더욱 건강하시고 마음 편히 지내실 수 있도록 우리 형제들은 노력하겠습니다.

지금껏 한평생을 어렵고 질곡 많던 시대를 사시면서, 흐트러짐 없이 어머니로서 이웃의 어른으로서 사회의 귀감이 되신 어머님!

어머님! 부디 건강하게 오래오래 저희들 곁을 지켜주십시오. 보다 정성을 다하여 마음 편히 모시고 기쁘게 해드리겠습니다.

다시 한 번 오늘 이 자리를 함께해주신 모든 분들께 진심으로 감사의 말씀을 올리면서, 편안한 마음으로 즐거운 시간 가져 주시기 바랍니다. 감사합니다.

096 조합장 과정 환영사

.... **Speech 100**

> **핵심 내용** 일선 현장에서 수고하는 조합장들에게 위로의 말씀과 함께 이번 교육의 목적을 설명한 뒤, 연수 기간 중 협조와 건강을 당부한다.

안녕하십니까? 교육을 담당하고 있는 ○○○입니다.

추운 날씨에도 불구하고 이곳 교육원까지 오시느라 대단히 수고 많으셨습니다. 전 교직원을 대표해서 조합장님 여러분의 입교를 진심으로 환영합니다. 아울러 일선 현장에서 각종 사업 추진과 농업인 조합원의 실익 증대를 위해 열심히 노력하시는 조합장님들의 노고에 대해 진심으로 감사의 말씀을 드립니다.

지난해는 우리 농협에 있어 그 어느 때보다도 어렵고 힘든 한 해가 아니었나 생각합니다. 그러나 우리 농협은 감당키 어려운 온갖 난관 속에서도 좌절하지 않고, 뼈를 깎는 내부개혁과 구조조정을 하면서 꿋꿋이 이 모든 어려움을 극복해 왔습니다.

물론 그 선봉에는 솔선수범과 헌신적인 노력으로 직원들의 역량을 한 방향으로 결집시킨 조합장님들의 탁월한 리더십이 있었고, 덕분에 어려움 속에서도 의미 있는 결실을 거둘 수 있었다고 생각합니다.

올 한 해는 우리에게 희망과 도전의 메시지를 주는 동시에 엄청난 변화를 요구하고 있습니다. 디지털 시대가 시작됐고, 정보통신산업이 주도하는 기술 변화로 경영 및 사업 환경이 크게 달라지고 있으며, 세계가 하나의 시장으로 빠르게 통합되면서 무한경쟁 사회로 들어서고 있습니다. 따라서 이번 교육은 농협의 경쟁력 강화와 생존 전략을 모색하기 위한 경영 방침과 부문별 사업 추진 방향을 깊이 이해하고, 금년도 사업을 성공적으로 수행하고자 결의를 다지는 데 그 목적이 있습니다.

조합장님들의 바쁘신 일정을 감안하여 교육 기간을 이틀로 단축하여 다소 빡빡한 점이 있으시겠지만, 급변하는 21세기에 농협이 살아남기 위한 전략을 구상하는 중요한 과정임을 깊이 이해하시고 끝까지 함께해주시면 고맙겠습니다.

추운 날씨와 열악한 시설에 부족한 점이 많을 것입니다만, 특별히 건강에 유의하여 주시기 바라며, 저희 교직원 모두 유익한 교육이 될 수 있도록 정성을 다하여 모시겠습니다.

끝으로 다시 한 번 조합장님 여러분의 입교를 진심으로 환영합니다. 감사합니다.

097 수료식 환송사

Speech 100

> **핵심 내용**　교육과정을 이수하기 위한 수고에 감사를 표시하고, 조직의 장래가 수료생의 노력에 달려 있으니 소명의식을 가져달라는 당부의 말씀과 함께 무사 귀향을 기원한다.

조합장님 여러분! 그동안 교육 받으시느라 대단히 고생이 많으셨습니다. 더욱이 꽉 짜인 일정 속에서 여러 가지 불편한 점이 많은데도 불구하고 열심히 교육에 참여해 주셔서 깊은 감사를 드립니다.

비록 짧은 교육 기간이었지만 농협의 현주소를 알고 추진해야 할 사업 방향을 설정하시는 데 많은 도움이 되었으리라 생각됩니다.

지금 우리는 급변하는 변화의 소용돌이 속에 있습니다. 누구도 이 대세를 거스를 수 없습니다. 능동적이고 진취적인 자세로 끊임없이 도전하는 사람만이 헤쳐 나갈 수 있습니다.

협동조합의 힘은 개인의 역량이 아니라 구성원 전체의 단결과 조화에 있습니다. 21세기 디지털 혁명 속에서 굳건한 협동조합 철학을 가지고 하나로 뭉친다면 희망찬 미래를 맞게 될 것입니다.

미국의 유명한 컨설턴트인 메이너드와 마틴즈는 "인간과 자연이

하나가 되어 삶의 통합이 이루어는 상생운동이 전개될 것" 이라고 예 언했습니다.

회장님께서도 더불어 사는 상생운동으로 자연과 상생, 소비자와 상생, 지역사회와 상생을 말씀하셨습니다. 상생운동은 서로가 이득을 보는 공존공영의 윈윈전략으로서 앞으로 우리 농협이 가야 할 방향인 것이지요.

인류 문명의 위대한 발명인 협동조합은 21세기에 그 가치를 더욱 발휘할 것이며, 사회의 평화와 풍요를 이끄는 중추적인 위치에 서게 될 것입니다.

우리 모두 농협인으로서 자긍심과 소명의식을 갖고 고난과 역경을 헤쳐 나가야 하겠습니다.

농협의 희망과 미래가 조합장님 여러분의 양 어깨에 달려 있습니다. 새 농협이 역사에 길이 남을 훌륭한 조직으로 재창조될 수 있도록 조합장님들께서 지혜를 발휘하여 주도적으로 조직을 이끌어 나가시기 바랍니다.

먼 훗날 농업인 조합원과 후배 농협인으로부터 어려운 시대를 극복하고 농협다운 농협, 신뢰받는 농협, 하나 되는 농협을 이룩한 훌륭한 조합장님으로 기억되시기 바랍니다.

끝으로 조합장님 여러분의 가정과 사무소에 무궁한 발전과 행운이 가득하기를 기원합니다. 감사합니다.

098 사무실 준공식 축사

.... Speech 100

> **핵심 내용**　사무실 준공식에 참석한 분들에 대한 감사말씀을 전하고, 아울러 준공 사무실과 해당 지역의 발전을 기원한다.

오늘 존경하는 ○○○ 시장님, ○○○ 시의회 의장님, ○○○ 서장님, 여러 시의원님, 관내 기관장님, 그리고 지역 유지 여러분과 관내 전·현직 조합장님을 모신 가운데 ○○농협 ○○지점 준공식을 갖게 된 것을 매우 기쁘게 생각합니다. 아울러 ○○지점이 준공식을 갖기까지 아낌없는 협조를 해주신 관계 기관장님, 그리고 정성을 다하여 본 건물을 완공시켜주신 ○○건설주식회사 ○○○ 사장님과 관계 직원에 대하여 심심한 감사의 말씀을 드립니다. 또한 여러 가지 어려운 여건 속에서도 농협 ○○지점 신축에 정성을 기울여주신 ○○농협 ○○○ 조합장님과 직원 여러분의 노고에 대해서도 뜨거운 감사를 드리는 바입니다.

저희 농협을 사랑하고 이용해주시는 ○○ 지역 주민 여러분과 저희 농협 직원이 한마음이 되어서 신축한 농협 ○○지점은 저희 농협과 이 지역사회의 발전을 더욱 확고히 다져 줄 가교가 될 것임을 믿어 의심치 않습니다.

저희 농협은 전국 200만 농업인 조합원에게 영농과 생활의 편의를 제공하고 복지 농촌 건설의 의지를 실현하기 위하여 각종 사업을 전개하고 있으며, 이러한 사업에 필요한 자금을 조성하기 위해 도시와 농촌에서 금융 사업을 전개하고 있습니다. 이곳 ○○지점과 같은 농협의 도시 점포에서 수집된 저축자금은 모두 이 지역 농촌 발전과 농업 생산을 위해 투입되므로 도시와 농촌을 막론하고 농협의 금융사업은 우리 지역사회 경제에 막중한 역할을 담당한다고 보겠습니다.

저는 오늘의 이 뜻 깊은 ○○지점 준공식을 계기로 우리 농협 직원 여러분이 새로운 사명의식과 긍지를 가지고 항상 고객의 입장에서 고객만족 중심으로 부단한 서비스를 제공하는 것은 물론, 투철한 봉사정신을 발휘하여 고객과 주민으로부터 사랑을 받는 전국에서 으뜸가는 농협 ○○지점이 되도록 온 정성을 기울여줄 것을 특별히 부탁드립니다.

끝으로, 평소 저희 농협을 아껴주시는 고객과 주민 여러분께는 농협 ○○지점이 곧 내 사랑방이라 생각하시고 자주 이용해 주심으로써, 저희 농협이 여러분 가까이에서 더욱 봉사할 수 있도록 지도 편달해주실 것을 부탁드립니다.

마지막으로, 내외 귀빈과 주민 여러분께 거듭 감사 말씀 드리며 이 지역 주민 여러분의 가정에 만복이 깃들기를 축원합니다.

대단히 감사합니다.

099 지점장 취임사

· **Speech 100**

> **핵심 내용** 훌륭한 직원과 함께 근무하게 된 것에 대한 고마움과 함께 자신
> 의 경영 철학과 비전을 밝히고 협조를 부탁한다.

안녕하십니까? 여러분들과 한 직장에서 근무하게 된 ○○○입니다.

농협 생활 30여 년 동안에 여러분들과 같이 훌륭한 직원들을 만나게 된 것은 커다란 행운이 아닐 수 없습니다.

그간 다른 점포에서 근무하면서 이곳 ○○지점의 활약상을 익히 들어 잘 알고 있습니다. 고객관리에 있어서나 영업추진 체계, 직원간의 인화 등에 있어서 이곳 ○○지점을 본받아야 한다는 이야기를 많이 들었습니다.

이 모든 명성은 온갖 어려움을 극복하며 묵묵히 일해 온 많은 선배들의 덕분이며, 아울러 투철한 농협인으로서 사명감과 긍지를 지닌 여러분의 노력이 있었기에 가능했던 것이 아닌가 합니다.

이러한 전통과 명예를 지닌 당 지점에 부임하고 보니 기쁨보다는 양 어깨가 무거워짐을 느끼지 않을 수 없으며, 이 중대한 임무를 수

행함에 있어서 직원 여러분의 적극적인 협조가 필요하다는 것을 절실하게 느낍니다.

직원 여러분!

저는 여러분의 좋은 선배로서 그리고 친구로서 근무에 임할 각오입니다. 언제든지 어려움이 있을 때는 기탄없는 대화를 통하여 서로의 발전을 도모하는 분위기를 조성시켜 나갑시다. 그런 창의적인 분위기 조성을 위해서 우리 스스로가 주인이 되자는 의미에서 한 말씀 드리겠습니다.

유럽의 화가 세잔의 말이 생각납니다. 그는 자기에게는 성실하게, 상사에게는 신중하게, 그러나 자연에게는 복종하라고 하였습니다. 자기에게 성실치 못한 사람이 인간관계를 잘할 리가 없으며, 생각이 신중치 못한 사람이 허점이 없을 리 없고, 자연의 법칙에 순응하지 않는 사람에게서 지혜와 슬기를 찾을 수 없다는 것입니다.

그래서 저는 이곳 ○○지점의 전통과 명예를 더욱 빛나게 하고 우리 직원 모두의 영광스러운 내일을 위해서 이 세잔의 말을 직원 여러분의 가슴속에 담아드리고자 합니다.

여러분! 우리 모두 일치화합하여 노력한다면 저절로 이루어지는 기쁨을 맛보리라고 생각합니다. 따뜻한 마음을 가진 우리 직원이 심기일전하면 이루지 못할 것이 없으리라 생각하면서 이만 인사에 갈음합니다. 감사합니다.

100 조합장 출마 연설

Speech 100

> **핵심 내용** 조합의 성과와 한계를 근거로 해 출마 포부와 공약 사항을 정리
> 해 설득력 있게 제시하고, 미래의 조합에 대한 희망을 이야기한다.

존경하는 조합원 여러분, 그리고 ○○○ 면장님을 비롯한 내빈 여러
분! 이번에 ○○ 농협 조합장 선거에 후보로 나선 ○○○입니다.

그간 주민들의 적극적인 참여와 직원 여러분의 땀의 대가로 우리
농협은 크게 발전하였습니다. 창립 초기의 숱한 어려움을 딛고 사업
측면이나 조합원 봉사 측면에서 우리 군에서 제일가는 성과를 얻었
습니다. 이 같은 알찬 내실의 성장을 거둘 수 있도록 뒤에서 밀고 앞
에서 끌어 주신 전 조합원과 전임 조합장의 노고를 우리는 결코 잊지
못할 것입니다.

사실 2,000여 조합원 개개인의 이익을 위하여 조합을 이끌어간다
는 것이 얼마나 어려운 일이겠습니까? 자금이 부족하면 자금을 지원
해줘야 하고, 여유자금이 생기면 높은 금리로 운영해 이익을 얻게 해
주어야 하고, 농사철이면 농사 잘 짓도록 지원해야 하고, 누가 아프

면 위로해 주어야 하는 등 그야말로 조합장은 만능이어야 합니다.

그런 점에서 본인은 경륜과 경험, 모든 점에서 부족한 점이 많습니다. 그러나 한편으로 어느 누군가는 자신을 희생하여 이 어려운 살림을 도맡아야 하기에 제가 감히 나섰습니다.

존경하는 조합원 여러분!

우리 ○○농협은 관내 제일의 알찬 실적을 자랑하고 있지만 아직도 배당률에 있어서나 조합원의 소득 증진에는 미흡한 점이 많다고 생각합니다.

우선 배당금에 있어서도 년 ○%로 공금리 수준을 능가하지 못하고 있습니다. 따라서 본인에게 3년간의 조합장직을 맡겨 주신다면 기필코 배당률 ○○%를 실현시킬 수 있도록 사업을 알뜰하게 운영하겠습니다. 또한 농가 소득에 있어서도 조합 특별사업을 전개하여 미래 소득원을 창출하고, 당장은 이곳의 토양에 잘 맞는 감자를 대대적으로 경작하여 서울의 물류센터에 전량 출하하겠습니다.

아울러 우리 조합원에 대한 대출을 더욱 쉽도록 하겠습니다. 신용보증료를 보전해 주는 방법으로 하여 비용이 적게 들고 대출을 쉽게 받아갈 수 있도록 하겠습니다.

이 밖에도 지역 내 유일의 금융기관으로서 많은 임무가 우리 농협에 주어져 있다는 점을 상기하여 '조합원에 의한' '조합원을 위한 농협'으로서 봉사하겠다는 약속을 드리는 바입니다. 저에게 주시는 조합원 여러분의 귀중한 한 표가 우리 ○○농협을 발전시킬 수 있다는 점 기억해주시기 바랍니다. 감사합니다.

농협 임직원을 위한
3분 스피치 100선

부록

건배사 50선

1. 오바마 : 오로지 바라는 것이 마음대로 이뤄지기를

2. 당나귀 : 당신과 나의 귀중한 만남을 위하여

3. 마돈나 : 마시고 돈 내고 나가자

4. 원더걸스 : 원하는 만큼 더도 덜도 말고 걸러서 스스로 마시자

5. 우행시 : '우리들의 행복한 시간을 위하여' 를 줄인 말로, 행복한 미래를 위해 다함께 노력해 나가자는 뜻

6. 이사우 : '이상은 높게, 사랑은 넓게, 우정은 깊게' 를 줄인 말로, 참석자들의 통일된 행동을 통해 분위기를 고조시킬 때 유용함.

7. 시미나창 : '시작은 미약하였으나 나중엔 심히 창대하리라' 란 성경 구절의 머리글자를 딴 것으로, 참석자들의 발전과 성취를 기원할 때 적합함.

8. 진달래 : 진실하고 달콤한 내(래)일을 위하여

9. 나가자 : 나라를 위하여, 가정을 위하여, 자신을 위하여

10. 일 십 백 천 만(1, 10, 100, 1000, 10000) : '하루에 1가지 이상 선행을 하고, 10번 이상 웃으며, 100자 이상 쓰고, 1,000자 이상 읽으며, 10,000보 이상 걷자' 는 뜻

11. 구구 팔팔 일이삼사 : '99세까지 팔팔(88)하게 살다가 1~2일만 앓고 3일째 되는 날에 화악~ 죽자(4)' 라는 뜻

12. 개나발 : 개인과 나라의 발전을 위하여

13. 꿈은 높게, 사랑은 깊게, 술잔은 평등하게 : "꿈은 높게" 할 땐 술잔을 위로, "사랑은 깊게" 할 땐 술잔을 아래로, "술잔은 평등하게" 할 땐 술잔을 눈높이로 다시 올려 앞으로 내민다. 다른 사람들은 선창자를 따라서 후창한다.

14. 나이야 / 가라 : '나이의 한계를 뛰어넘어 새로운 것에 끊임없이 도전하자' 라는 뜻. 선창자가 "나이야" 하면 나머지 사람들이 "가라" 하고 화답한다.

15. 노틀카 : 놓(노)지도 말고, 털(틀)어버리지도 말고, 다 마신 후 카~ 하지도 말자

16. 당신 / 멋져 : '당당하게 신나게 멋지게 져주며 살자' 는 뜻. 선창자가 "당신" 하면 나머지 사람들이 "멋져" 하고 화답한다.

17. 무화과 : 무척이나 화려했던 과거를 위하여

18. 사우나 : 사랑과 우정을 나누자

19. 키스키스(KISS-KISS) : 'Keep It Simple and Short' 의 준말로, 술은 깔끔하고 짧게 마시자는 뜻

20. 초가집 : 초지일관, 가자, (2차 가지 말고) 집으로

21. 개나리 : 계(개)급장 떼고, 나이는 잊고, 릴(리)랙스하자

22. 단무지 : 단순하고 무식해도 무지 행복하게 살자

23. 변사또 : 변치 마라 사내들아 또 만날 때까지

24. 무시로 : 무조건 시방부터 로맨틱한 사랑을 위하여

25. 사~ 당나귀 : 사랑하는 당신과 나의 귀한 만남을 위하여

26. 거시기 : 기절 말고 시방부터 기막히게 보여주자

27. 해당화 : 해가 갈수록 당당하고 화끈하게 살자

28. 당신 멋져요 : 당당하고 신나고 멋지게 져주면서 요염하게 살자

29. 코이 노니아(Koi Nonia) : '가진 것을 서로 아낌없이 나눠주며 죽을 때까지 함께하는 관계' 를 뜻하는 그리스어로, 결코 떨어질 수 없는 돈독한 사이라는 의미로 사용함.

30. 메아 쿨파(Mea Culpa) : '내 탓이오' 란 뜻의 라틴어로, 어떤 결과에 대해 남을 탓하기 전에 먼저 자신을 돌아보자는 의미로 사용함.

31. 이팔청춘 : '나이는 숫자에 불과하니 활력 있게 살자' 는 뜻

32. 여보 여보 / 당신 멋져 : 여유롭고 보람차게, 당당하고 신나고 멋있게. "여보 여보" 하고 선창하면 "당신 멋져"로 화답한다.

33. 이심전심 : '서로 마음을 전하는 자리로 만들자' 는 뜻

34. 보나성 : 보다 나은 성생활을 위하여

35. 사이다 : 사랑해요, 이만큼 사랑해요, 다 뻥이야!

36. 당신 눈동자에 건배(Heres looking at you, kid) : 영화 '카사블랑카' 에서 남자 주인공 릭(험프리 보가트)이 여자 주인공 일자(잉그리드 버그만)에게 했던 대사에서 유래한 건배사

37. 위하여 위하여 위하여 : 상황에 따라 "자신을 위하여, 회사(또는 단체나 고객)를 위하여, 나라(또는 추구하는 슬로건)를 위하여" 등으로 변형해 외침.

38. 정이여 / 넘쳐라 : 다음과 같이 제의한다 - 직위의 높낮이는 있지만 정에는 높낮이가 없다고 합니다. 항상 정이 넘치는 우리 모두를 위하여 제가 "정이여" 하면 "넘쳐라"로 외쳐주시기 바랍니다.

39. 여러분 / 사랑합니다 : 다음과 같이 제의한다 - 미워하는 마음은 물에 새기고, 사랑과 감사의 마음은 돌에 새기라는 말이 있습니다. 항상 사랑하며 살자는 의미로 제가 "여러분" 하면 "사랑합니다" 하고 외쳐주시기 바랍니다.

40. 배움이여 / 영원히 : 다음과 같이 제의한다 - 배우는 고통은 잠 간이지만 못 배운 고통은 평생이라고 합니다. 제가 "배움이여" 하면 "영원히"로 외쳐주시기 바랍니다.

41. 부탁드립니다 / 감사합니다 : 다음과 같이 제의한다 - 늘 감사 하는 마음을 갖자는 의미로, 제가 "잘 부탁드립니다" 하면 "감 사합니다"를 힘차게 외쳐주시기 바랍니다.

42. 소나무 : 소중한 나눔의 무한 행복을 위하여

43. 참이슬 : 참사랑은 넓게 이상은 높게 술잔은 평등하게

44. 똘똘 뭉치자! 하나로 뭉치자! 함께 나가자! 영광을 위하여! 희 망을 위하여! 지화자 조오타! 술잔은 고속도로처럼 스피드 원샷!

45. 현재를 / 즐기자 : 세상 걱정일랑은 모두 잊고 오늘 이 자리를 즐기자는 뜻

46. 지금을 / 즐겁게 : 다음과 같이 제의한다 - 살아가는 데 꼭 필요 하거나 중요한 세 가지 금이 있다고 합니다. 첫째는 사는 데 필 요한 황금, 다음은 먹는 데 필요한 소금, 그리고 제일 중요한 것! 바로 지금입니다.

47. 웃지 / 웃자 / 웃자짜 : 다음과 같이 제의한다 - 우리 사는 날 중 에서 가장 불행한 날은 웃지 않는 날이라고 합니다. 항상 웃고 살자는 의미에서 제가 "웃자" 하면 여러분도 "웃자"로 화답하 신 다음 모두 같이 "웃자짜!" 해주시기 바랍니다.

48. 119 / 119 : '한 가지 술로만, 1차로 끝내고, 9시까지 집에 가자' 라는 뜻

49. 자, 마시자 / 예, 형님 : 술자리의 흥을 돋우기 위해 건배를 제의 하는 사람이 두목 흉내를 내며 "자, 마시자" 하면 좌중에서는 "예, 형님"으로 화답한다.

50. 이 밤을 / 찢자 : 다음과 같이 제의한다 - 여러분! 오늘 너무 즐 겁습니다. 지금 이 기분 그대로 영원히 함께하는 우리가 되기 를 바라면서, 제가 "이 밤을" 하면 여러분은 "찢자"로 화답해 주시기 바랍니다.

나라별 대표적인 건배 구호

- 한국 : '위하여' '건배'
- 일본 : '간빠이'
- 영국 : '치이즈'
- 인도 : '무바라크'
- 몽고 : '우크리' '고시래'
- 중국 : '칸페이'
- 미국 : '브라보' '토스트'
- 독일 : '프로스트'
- 프랑스 : '아보트르 쌍테'
- 이탈리아 : '친친' '살루테'